入社1年目からの

できる

イラストで学ぶ

ILLUST
de
MANABU

増強
改訂版

Excel VBA

きたみあきこ&できるシリーズ編集部●著

インプレス

ご購入・ご利用の前に必ずお読みください

本書は、2023年12月現在の情報をもとに「Microsoft 365のExcel」の操作について解説しています。下段に記載の「本書の前提」と異なる環境の場合、または本書発行後に「Microsoft 365のExcel」の機能や操作方法、画面などが変更された場合、本書の掲載内容通りに操作できない可能性があります。本書発行後の情報については、弊社のホームページ（https://book.impress.co.jp/）などで可能な限りお知らせいたしますが、すべての情報の即時掲載ならびに、確実な解決をお約束することはできかねます。本書の運用により生じる、直接的、または間接的な損害について、著者ならびに弊社では一切の責任を負いかねます。あらかじめご理解、ご了承ください。

本書で紹介している内容のご質問につきましては、巻末をご参照の上、お問い合わせフォームかメールにてお問い合わせください。電話やFAXなどでのご質問には対応しておりません。また、本書の発行後に発生した利用手順やサービスの変更に関しては、お答えしかねる場合があることをご了承ください。

●本書の前提

本書では「Windows 11」に「Microsoft 365 Personal」がインストールされているパソコンで、インターネットに常時接続されている環境を前提に画面を再現しています。

まえがき

 大変だ！　ボクの名付け親、大親友の裕太くんが、会社で任されているExcelの単純作業にヘトヘト、クタクタになっている。そこでボク、プー助は立ち上がった！　裕太くん、ボクが教えてあげるから、Excelの作業をVBAで自動化しよう！

本書は2018年12月に発行された『できるイラストで学ぶ入社1年目からのExcel VBA』の増強改訂版です。初心者を対象にVBAの基本を丁寧に説明するというコンセプトはそのままに、実務マクロ作成の章を1つ増やして、より実践力が身に付くよう内容を強化しました。また、Windows搭載のAI機能であるCopilotをマクロ作成に活用する方法も新たに解説しています。全編カラー化されたので、イラストや図解もさらに活き活きと見やすくなりました。

裕太くんがプー助に教えてもらっている横で、みなさんも一緒にVBAを学びませんか？　はじめて学ぶ人も、一度挫折を経験した人も、きっと楽しく学習を進められるでしょう。本書が、みなさまのVBAの理解の手助けになれば幸いです。

最後に、本書の制作にご協力くださったみなさまにお礼を申し上げます。

2023年12月　きたみあきこ

CONTENTS

第 5 章　オブジェクトの取得を極めよう

第 **6** 章 処理を
何度も繰り返そう

第 **9** 章 よく使うプロパティと メソッドを身に付けよう

練習用ファイルの使い方

本書では無料の練習用ファイルを用意しています。
練習用ファイルと書籍を併用することで、より理解が深まります。

練習用ファイルのダウンロード方法と保存場所

弊社Webサイトにアクセスしてダウンロードしてください。本書では練習用ファイルをシステムドライブに保存した状態を前提としています。ダウンロードしたファイルを展開し、システムドライブに保存してください。

▼練習用ファイルのダウンロードページ
https://book.impress.co.jp/books/1123101117

1 上記URLを入力してダウンロードページを表示

2 [ダウンロード]をクリック

3 圧縮ファイルのリンクをクリック

4 ダウンロードした
ファイルを展開する

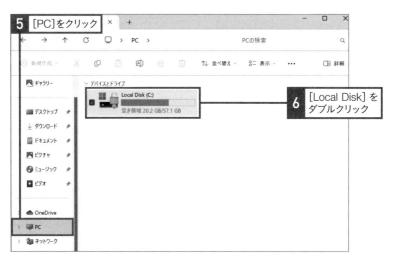

5 [PC]をクリック

6 [Local Disk] を
ダブルクリック

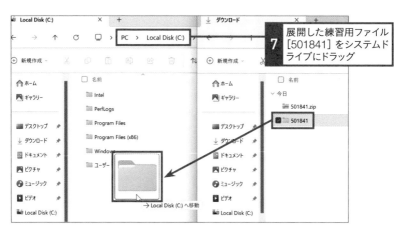

展開した練習用ファイル
7 [501841] をシステムド
ライブにドラッグ

練習用ファイルの内容

練習用ファイルは章ごと、レッスンごとにフォルダーを分けています。さらにBefore、Afterでマクロが完成していない状態と完成し実行前の状態とでフォルダーを分けています。各フォルダーの中から紙面に記載のファイル名を探してください。　※完成ファイルのみのセクションもあります。

●練習用ファイルのフォルダー構成

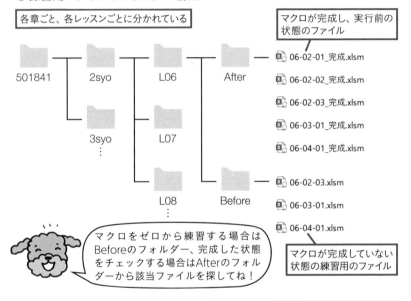

各章ごと、各レッスンごとに分かれている

マクロが完成し、実行前の状態のファイル

501841　　2syo　　L06　　After

3syo　　L07
⋮

L08
⋮
Before

06-02-01_完成.xlsm
06-02-02_完成.xlsm
06-02-03_完成.xlsm
06-03-01_完成.xlsm
06-04-01_完成.xlsm

06-02-03.xlsm
06-03-01.xlsm
06-04-01.xlsm

マクロをゼロから練習する場合はBeforeのフォルダー、完成した状態をチェックする場合はAfterのフォルダーから該当ファイルを探してね！

マクロが完成していない状態の練習用のファイル

保護ビューやセキュリティの警告について

インターネットを経由してダウンロードしたファイルを開くと、保護ビューで表示されます。ウイルスやスパイウェアなど、セキュリティ上問題があるファイルをすぐに開いてしまわないようにするためです。ファイルの入手時に配布元をよく確認して、安全と判断できた場合は[編集を有効にする]ボタンをクリックしてください。また[セキュリティリスク]の警告が表示された場合は36ページを参照してください。

第 **1** 章

はじめてのマクロ作りに挑戦しよう

PROLOGUE

 ただいま、プー助。疲れたから寝るね。おや、す、み…、ZZZ。

 ワンワン(ボクのご飯は？)。ワンワン(ボクのご飯は？)。

 ZZZ。ZZZ。

 裕太くん、起きて。最近どうしたの？ 会社ってそんなに疲れるの？ 新入社員の仕事ってそんなに大変なの？

 うん、はじめて与えられた仕事が、**毎日各支店から送られてくる売上データを1つの表にまとめる作業**なんだ。コピペコピペで、目は疲れるし腰は痛いし肩は凝るし…。ZZZ…。

 コ、コピペ？ **1日中コピペ**しているの？ 毎日決まったフォーマットの表をコピペしているんだよね？ だったら、**VBAで作業を自動化**しなきゃ！

 V、B、A？

 Excelに搭載されているプログラミング言語だよ。**VBAでマクロを作れば、定型業務を自動化**できるよ。ボクが教えてあげるから勉強しよう。あ、まずはご飯をちょうだい。

 へえ、**作業を自動化**か。教えてもらう価値はありそうだな…。って、プ、プー助、何でしゃべってるの!?

LESSON
01

マクロ、VBA

マクロって何?
VBA って何?

 作業を自動化できたら、空いた時間で**売上データの分析**をしようかな♪

 同期に差をつけるチャンスだね。よ、出世頭!

 いやぁ、それほどでも。…ところで、「マクロ」って何? 「VBA」って、どうゆう意味?

 よし、マクロの「マ」の字から解説を始めよう!

SECTION
1 マクロを使えば仕事を円滑化できる

プー助の「Excel VBA」のLESSONが始まったようです。なぜ人の言葉をしゃべれるのか、という疑問はさておき、私たちも裕太くんの奮闘ぶりを見守りながら、一緒にLESSONを進めましょう。

さて、裕太くんがこのLESSONに取り組むきっかけとなったExcelの作業は、**表の統合**でしたね。

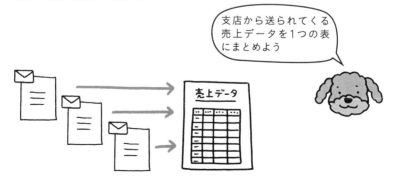

支店から送られてくる
売上データを1つの表
にまとめよう

裕太くんは、各支店から送られてくる売上データ入りのファイルを開いてはコピペ、開いてはコピペ、を繰り返して、1つの表にまとめていたそうです。これを毎日行っているのですから、クタクタにもなるでしょう。しかも、**疲れた状態での手作業は、作業ミスを起こしかねません。**入社早々大目玉、なんてイヤですよね。

そこで「マクロ」の出番です。**マクロとは、Excelで行う処理を自動実行できるように作られたプログラム**のことです。定型業務をマクロで自動化すれば、毎日の作業がボタンの**ワンクリックで素早く片付きます。**手作業と違って、うっかりミスも起こりません。

送られてきた表に罫線や色を設定して見栄えを整える、統合した表に数式を設定して集計する、といった処理もマクロならお手の物です。

マクロを自在に作成できるようになれば、仕事を円滑化できる！　同期に差をつけられる！　家に早く帰ってプー助と遊べる！　いいことづくめですね。

SECTION 2 「マクロ」はExcel操作の"手順書"

 マクロはExcelの処理を自動実行するためのプログラム、ってことはわかったけど、具体的にはどんなもの？　魔法の呪文みたいなもの？

 いやいや、**マクロの実体は、Excelの操作の指示を並べた手順書**さ！

マクロを使うだけのユーザーにとっては、確かに裕太くんの言うとおり、マクロは魔法の呪文に感じられるかもしれません。しかし、マクロは「あぶらかたぶら」でも「ちちんぷいぷい」でもありません。**Excelの操作の指示を順序よく並べた**手順書です。裕太くんの業務に照らし合わせると、下図のようなイメージになります。

表を統合するマクロ

1.支店から送られてきたブックを開く

2.データをコピーする

3.「集計」シートの新しい行に貼り付ける

4.開いたブックを閉じる

5.手順1から4を、支店の数だけ繰り返す

 マクロって、摩訶不思議な呪文どころか、メチャメチャ現実味のある手順書だね！

 具体的な指示を並べたマクロを作成しておくことで、いつでも何度でも自動で正確に実行できるんだよ！

3 「VBA」は操作指示を伝える"言葉"

 なるほど、ボクが毎日行っているExcelの操作を、1つずつ順番に書き並べていけばいいんだね！　さっそくマクロ作りに取り掛かろうっと！

 ちょっと待った！　日本語で書いてもExcelに通じないよ。「VBA」を使わなくっちゃ！

残念なことに、日本語で操作指示を出してもExcelには理解してもらえません。Excelに理解してもらうためには、Excelが理解できる言葉で指示を出す必要があります。**Excelが理解できる言葉、それが「Visual Basic for Applications」、略して「VBA（ブイ・ビー・エー）」**です。

VBAはExcelに操作指示を出すためのプログラミング言語、そして、ExcelのマクロはVBAを使用して作ったプログラムと言えます。

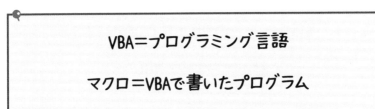

VBA＝プログラミング言語

マクロ＝VBAで書いたプログラム

百聞は一見に如かず、下図を見てください。VBAで書かれたマクロです。

VBAは「Visual Basic Editor」というExcelに付属するソフトで入力・編集します。略して「VBE（ブイ・ビー・イー）」です。VBAとVBEは似ている言葉ですが、混同しないように注意してくださいね。

VBE(Visual Basic Editor)
VBAを入力・編集するソフト

マクロ

このLESSONのポイント

- 「マクロ」を使うとExcelの作業を円滑化できる。
- 「マクロ」はExcelの処理を自動実行するためのプログラム。
- 「VBA（Visual Basic for Applications）」はExcelに操作指示を出すためのプログラミング言語。
- マクロはVBAというプログラミング言語を使用して作成する。
- 「VBE（Visual Basic Editor）」はVBAを編集するソフト。

LESSON 02 VBE
マクロの作成環境を用意しよう

 マクロの作成に入る前に、**環境設定が必要**だよ。マクロの作成や実行用のボタンを集めた**[開発]タブ**を表示しよう。

 了解。VBEの起動方法も教えてもらわないとね！

 そうだね。それから、マクロを入力するシートは最初はブックに含まれていないから、追加する方法も教えるよ。

SECTION 1 マクロ作りに欠かせない[開発]タブを表示しよう

Excelでマクロを利用するには、**マクロの作成や実行などの機能を集めた[開発]タブ**を使用すると便利です。標準では表示されていないので、以下の操作を実行して[開発]タブを表示しましょう。

1 任意のタブを右クリック

2 [リボンのユーザー設定]をクリック

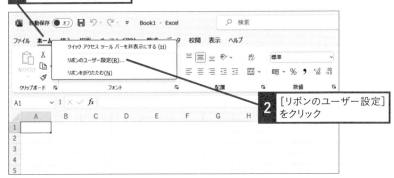

第1章 はじめてのマクロ作りに挑戦しよう

[Excel のオプション] ダイアログボックスの [リボンのユーザー設定] が表示された

3 [開発] をクリックしてチェックマークを付ける

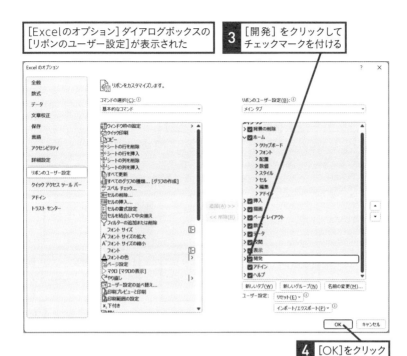

4 [OK] をクリック

[開発] タブが表示された

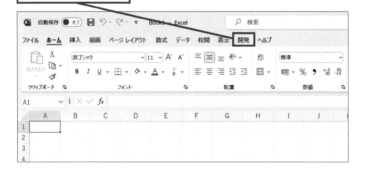

操作3の画面で [開発] のチェックマークを外すと、[開発] タブを非表示にできるよ。

マクロの編集ソフト「VBE」を起動しよう

さっそく、VBEを起動してみましょう。

新規ブックを表示しておく ・ **1** [開発]タブをクリック

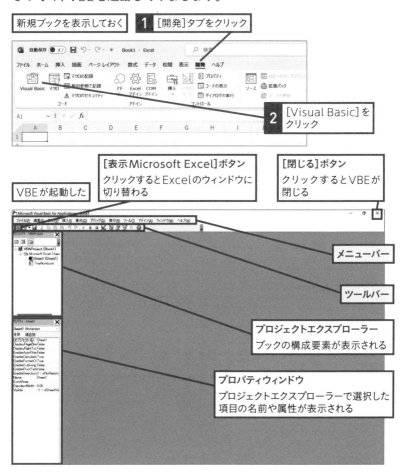

2 [Visual Basic]を
クリック

[表示Microsoft Excel]ボタン
クリックするとExcelのウィンドウに
切り替わる

[閉じる]ボタン
クリックするとVBEが
閉じる

VBEが起動した

メニューバー

ツールバー

プロジェクトエクスプローラー
ブックの構成要素が表示される

プロパティウィンドウ
プロジェクトエクスプローラーで選択した
項目の名前や属性が表示される

[開発] タブの [Visual Basic] ボタンをク
リックする代わりに、 Alt + F11 キーを押
しても素早くVBEを起動できるよ！

SECTION
3 マクロの入力シート「標準モジュール」を追加しよう

マクロを作成するには、**マクロの入力シートである**「**標準モジュール**」を追加する必要があります。標準モジュールを追加すると、「**コードウィンドウ**」**と呼ばれるウィンドウ**に表示されます。入力しやすいように、コードウィンドウを最大化しておくといいでしょう。なお、複数のブックが開いている場合、プロジェクトエクスプローラーに複数のブックが表示されるので、あらかじめ追加先のブックを選択しておく必要があります。

標準モジュール＝マクロの入力シート

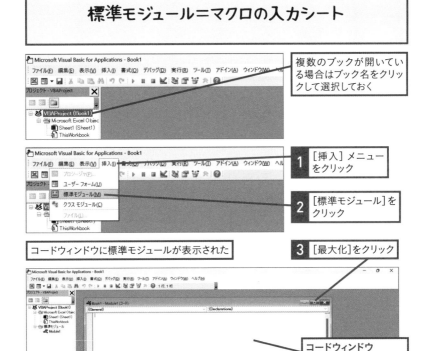

複数のブックが開いている場合はブック名をクリックして選択しておく

1 [挿入]メニューをクリック

2 [標準モジュール]をクリック

コードウィンドウに標準モジュールが表示された

3 [最大化]をクリック

コードウィンドウ
モジュールを表示するためのウィンドウ

コードウィンドウが最大化された

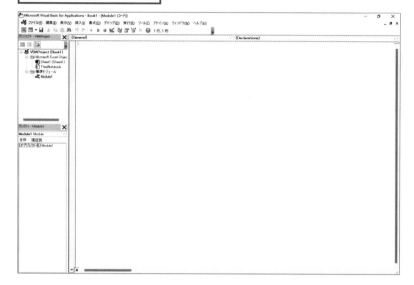

標準モジュールを追加すると、**プロジェクトエクスプローラーにモ
ジュール名が表示**されます。モジュール名は「Module」の末尾に数値が
付いた名前(ここでは「Module1」)になります。

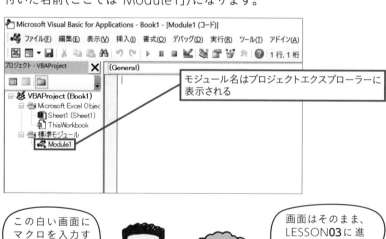

モジュール名はプロジェクトエクスプローラーに
表示される

この白い画面に
マクロを入力す
るんだね!

画面はそのまま、
LESSON03に進
んでね。

第1章

はじめてのマクロ作りに挑戦しよう

STEP UP!

標準モジュールが見当たらないときは

何らかのタイミングでコード
ウィンドウが閉じてしまったり、
別のコードウィンドウに隠れて
しまう場合があります。そんな
ときは、**プロジェクトエクスプ
ローラーから表示**できます。

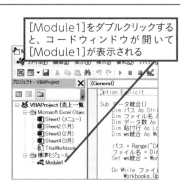

[Module1]をダブルクリックする
と、コードウィンドウが開いて
[Module1]が表示される

STEP UP!

標準モジュールの名前を変更するには

標準モジュールの
「Module1」な
どの名前は、右図
の操作で変更でき
ます。

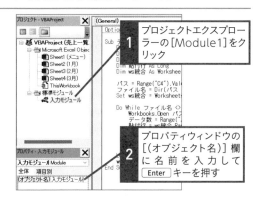

1 プロジェクトエクスプロー
ラーの[Module1]をク
リック

2 プロパティウィンドウの
[(オブジェクト名)]欄
に名前を入力して
Enter キーを押す

🐾 このLESSONのポイント

- マクロの作成や実行には[開発]タブを使うと便利。
- [開発] タブの [Visual Basic] ボタンをクリックすると、VBEを起動で
きる。
- VBEの[挿入]メニューから[標準モジュール]を選択すると、標準モジュー
ルを挿入できる。

LESSON 03

マクロの作成

マクロを作ってみよう

 お待ちかね、マクロを作成しよう。

 はじめてのマクロか…。**売り上げをパパッと集計して自動印刷するマクロ**を作ってみたい。

 裕太くん、100万年…、いや1カ月くらい早いよ！　**はじめは簡単なマクロから作成のルールを覚えていこうね。**

SECTION 1　はじめてのマクロ作り

いよいよ記念すべきはじめてのマクロ作りです。LESSON**03 ～ 04**で、
メッセージボックスにあいさつ文を表示するマクロを作成します。

 こんなマクロを
作成するよ！

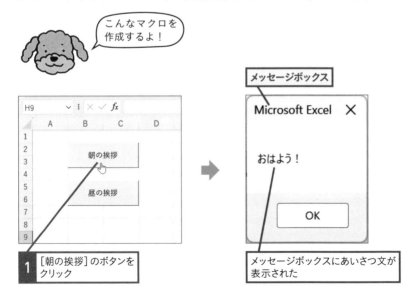

1 [朝の挨拶] のボタンを
クリック

メッセージボックスにあいさつ文が
表示された

28

SECTION 2 マクロを作成する

マクロの入力を始める前に、マクロの構造を知っておきましょう。マクロは、「**Sub マクロ名 ()**」で開始し、「**End Sub**」で終了するという決まりになっています。

> **マクロの構造** Sub マクロ名 ()
> 　　　　　　（ここに命令文を書く）
> End Sub

マクロ名は、次の点に注意して、わかりやすい名前を付けましょう。

● マクロ名の命名規則
・使える文字は、英数字、漢字、ひらがな、カタカナ、アンダースコア「_」。
・名前の先頭に数字と「_」を使えない。
・VBA の予約語（命令文のキーワードや関数の名前など）は使えない。

「_」以外の記号は使えないんだね！

使えない記号を使うとエラーメッセージが出るけど、修正すれば問題ないから安心してね。

コードウインドウでは、Enter キーで改行、Tab キーで字下げを行いながらマクロ入力していきます。本書では、次ページのように「Enter」は ↵、「Tab」は Tab の記号で示します。

ここでは、以下のような簡単なマクロを作成します。マクロ名は「朝の挨拶」です。

▶コード

```
1  Sub 朝の挨拶() ↵
2  [Tab] MsgBox "おはよう！" ↵
3  End Sub ↵
```

2行目にある「MsgBox "○○"」は、「『○○』というメッセージを表示せよ」という命令文です。

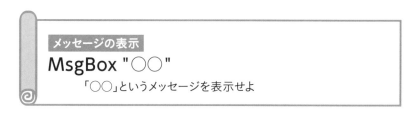

メッセージの表示

MsgBox "○○"
「○○」というメッセージを表示せよ

それではマクロを入力していきましょう。標準モジュールが表示されていない人は、27ページを参考に表示してください。

マクロの骨格は、「sub マクロ名」と入力するだけで作成できます。マクロ名以外は、すべて半角で入力してくださいね。また、VBAの用語は自動で大文字/小文字が正しく修正されるので、すべて小文字で入力してかまいません。

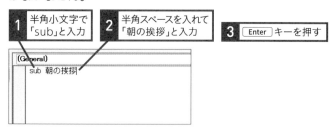

1 半角小文字で「sub」と入力 　2 半角スペースを入れて「朝の挨拶」と入力 　3 [Enter]キーを押す

(General)
sub 朝の挨拶

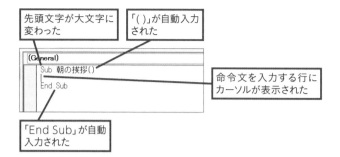

命令文を入力する行の行頭にカーソルが表示されていますね。その状態で **Tab キーを押して字下げしてから、命令文を入力** します。「おはよう！」以外は、すべて半角で入力してください。また **「msgbox」の後ろには半角スペース** を入れてください。

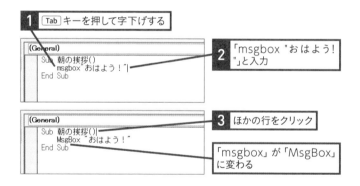

以上で、マクロ［朝の挨拶］が完成です。意外と簡単に作成できたのではないでしょうか？ 同様に、マクロ［昼の挨拶］も作成してください。マクロ［朝の挨拶］をコピーして、マクロ名とあいさつ文を修正すれば、マクロ［昼の挨拶］を手早く作成できますよ。

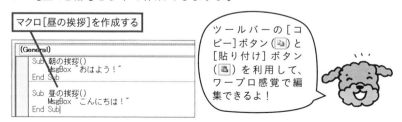

3 「マクロ有効ブック」として保存する

マクロを入力できたら、ブックを保存しましょう。ブックを保存すれば、マクロもいっしょに保存されます。ただし、いつも通りの保存方法ではマクロを保存できません。**「マクロ有効ブック」というファイル形式で保存**する必要があります。

保存操作は、ExcelとVBEのどちらで行ってもかまいません。ここでは、VBEから保存する操作を紹介しますね。

1 [上書き保存] ボタンをクリック

[名前を付けて保存] ダイアログボックスが表示された

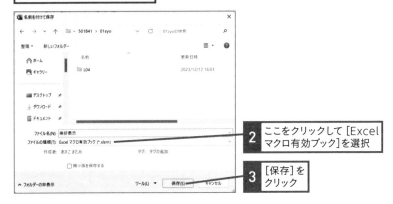

2 ここをクリックして [Excel マクロ有効ブック]を選択

3 [保存]をクリック

保存先のフォルダーを開いて、ファイルを確認しましょう。マクロ有効ブックは、**通常のExcelのブックとはアイコンの絵柄と拡張子が異なります**。前者の拡張子は「.xlsm」、後者の拡張子は「.xlsx」です。

マクロ有効ブックの拡張子は「.xlsm」

アイコンに「!」マークが付く

挨拶表示.xlsm

通常のブックの拡張子は「.xlsx」

売上集計.xlsx

STEP UP!

拡張子を表示するには

「拡張子」とは、ファイルの種類を区別するために**ファイル名の末尾に付加される記号**です。Windowsの標準の設定では拡張子は表示されません。ファイルの種類はアイコンでも区別できますが、よりわかりやすく区別するために拡張子を表示しましょう。

1 [表示]をクリック

2 [表示]にマウスポインターを合わせる

3 [ファイル名拡張子]をクリック

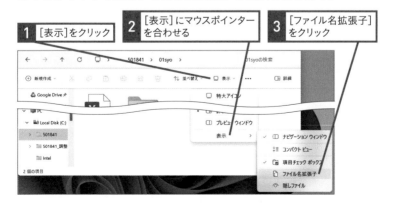

4 「マクロ有効ブック」を開く

ブックをいったん閉じて、開き直してください。すると、リボンの下に「**セキュリティの警告**」と書かれた黄色いバーが表示されます。

[セキュリティの警告] が
表示された

「セキュリティの警告」という響きがなんとも怪しげですね。しかし、自分で作成したブックなど、安全が確実なブックであれば、心配には及びません。Excelで**マクロを含むブックを開くと、必ずこの黄色いバーが表示される**設定になっているのです。

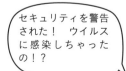

セキュリティを警告
された！ ウイルス
に感染しちゃった
の！？

落ち着いて、裕太く
ん。これは、マクロ
有効ブックを開い
たときに必ず表示
されるメッセージ
だよ！

悪意のある人が作った危険なマクロを含むブックが、ネットなどを通してパソコンに紛れ込まないとも限りません。そのようなブックをうっかり開き、開いたと同時にマクロが実行されてウイルスに感染しては大変です。そんな事態を防ぐために、**開いた時点で自動的にマクロが無効にされ、警告メッセージが表示される**のです。

安全が確実なブックの場合は、**[コンテンツの有効化]** をクリックしてください。黄色いバーが消え、マクロを実行できる状態になります。一度コンテンツを有効化すると、2回目以降は [セキュリティの警告] が表示されずに、そのままブックが開きます。

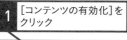

1 [コンテンツの有効化]を
クリック

開いたブックが身に覚えのないブックだった場合は、[コンテンツの有効化]をクリックせずに、そのままブックを閉じてください。

◤STEP UP!

[セキュリティの警告]が表示されないときは

マクロ有効ブックを開いても [セキュリティの警告] が表示されない場合は、[開発] タブの [マクロのセキュリティ] ボタンをクリックして、[トラストセンター] ダイアログボックスで [警告して、VBA マクロを無効にする] を選択します。

1 [警告して、VBA マクロを無効に
する]をクリック

[セキュリティリスク]に対処するには

Webサイトからダウンロードしたブックを開くと、[保護ビュー]と書かれた黄色いバーと[セキュリティリスク]と書かれたピンクのバーが表示され、マクロが無効になります。[詳細を表示]をクリックするとMicrosoftのWebサイトが開き、マクロを有効にする手順（[プロパティ]ダイアログボックスを使用する方法）を確認できます。ただし、その方法はファイルごとに操作する必要があり、ファイルが多いと面倒です。

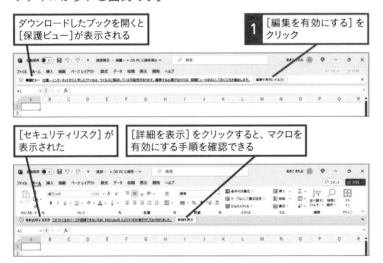

そんなときに便利なのが、[信頼できる場所]の設定です。マクロブックを保存するフォルダーを[信頼できる場所]として登録すると、その中のブックは常にマクロが有効な状態で開くので、いちいち有効化の操作をする必要がなくなります。ここでは13ページでシステムドライブに保存した「501841」フォルダーを[信頼できる場所]に指定します。なお、安全性に不安があるブックは、[信頼できる場所]に保存しないでください。

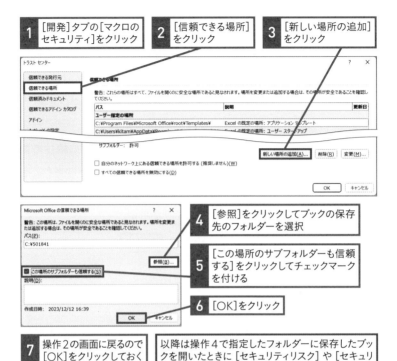

1 [開発]タブの[マクロのセキュリティ]をクリック

2 [信頼できる場所]をクリック

3 [新しい場所の追加]をクリック

4 [参照]をクリックしてブックの保存先のフォルダーを選択

5 [この場所のサブフォルダーも信頼する]をクリックしてチェックマークを付ける

6 [OK]をクリック

7 操作2の画面に戻るので[OK]をクリックしておく

以降は操作4で指定したフォルダーに保存したブックを開いたときに[セキュリティリスク]や[セキュリティの警告]が表示されない

SECTION

5 マクロの入力に関するルールと基本用語

マクロを管理したり、改良したりするときのために、「**わかりやすいマクロ」を作成することが大切**です。ここでは、そのためのルールを、基本用語とともに紹介していきます。

●コード

VBAで記述された文字のことを「コード」と呼びます。1行の文、マクロ全体、行の中の一部分のいずれもコードと呼びます。

●コメント

自分で作成したマクロでも、時間がたつとコードの意味や意図を忘れがちです。後日編集するときのために、また、部署内のメンバーに引き継ぐときのために、マクロにメモや覚書を残しておきましょう。「**コメント**」**という機能を使うと、マクロの中に自由に書きたいことを書けます。**

コメントを入れるには、「**'**」**（シングルクォーテーション）に続けてコメントの内容を入力**します。「**'**」から行末までがコメントとみなされ、自動的に緑色の文字で表示されます。1行まるまるコメントにすることも、コードの末尾にコメントを入れることもできます。

●インデントと空白行

「Sub マクロ名()」から「End Sub」の間のコードは、通常字下げして入力します。この**字下げのことを「インデント」**と呼びます。行頭で Tab キーを押すと半角スペース4つ分のインデントが設定され、Back space キーを押すとインデントを解除できます。インデントを付けることで、マクロの**始まりと終わりがわかりやすくなります。**

また、マクロの中に、空白行を入れてもかまいません。**処理のまとまりごとに空白行を入れる**と、コードが読みやすくなります。

●コードの改行

コードが長くなると読みにくくなります。長いコードは適宜改行しましょう。また、意味の切れ目で改行すると、コードの意味がわかりやすくなるメリットもあります。ただし、勝手な位置で改行してしまうとエラーになります。コードを複数の行に分けて入力するときは、「 _」（**半角スペースとアンダースコア**）を入力してから改行してください。「 _」を「**行継続文字**」と呼びます。「_」（アンダースコア）は、 Shift キーを押しながら ろ のキーを押すと入力できます。

なお、行継続文字は、文字列の途中に入れられません。コードに含まれる「=」「.」「,」「()」などの記号の前後の区切りのよい位置に入れましょう。その際、2行目以降の行にインデントを付けると、一続きのコードであることがわかりやすくなります。

1つの命令文

行継続文字

```
(General)
Sub 抽出()
    Range("A4").AutoFilter Field:=2, Criteria1:=3, _
        Operator:=xlOr, Criteria2:=4
End Sub
```

はじめて聞く言葉ばかりだけど、今すぐ全部を覚えなくても大丈夫！必要なときにこのページを見てね。

このLESSONのポイント

- 「Sub マクロ名 ()」から「End Sub」までが1つのマクロ。
- 「MsgBox "○○"」は、「○○」という文字列をメッセージボックスに表示する命令文。
- マクロを含むブックは「マクロ有効ブック」に保存する。
- マクロを含むブックは、最初はマクロが使えない状態で開く。[コンテンツの有効化]をクリックすると、マクロを実行できる状態になる。

マクロを実行しよう

いよいよマクロの実行だね。楽しみ！

ブックはきちんと保存できているね？　**マクロの実行は元に戻せない。** 今回は簡単なマクロだけど、複雑なマクロだと実行中にトラブルがあるかもしれない。そんなときでも、ブックを開き直せば最後に保存したときの状態に戻せるよ！

SECTION 1 マクロを読み解く

VBAの命令文は英単語を元にしているので、比較的簡単に読み解けます。LESSON03で作成したマクロを読み解いてみましょう。

▶ コード

1	Sub␣朝の挨拶 ( ) ↵
2	[Tab]MsgBox␣"おはよう！"↵
3	End␣Sub↵

1	マクロ[朝の挨拶]の開始
2	メッセージボックスに「おはよう！」と表示する
3	マクロの終了

「MsgBox」は「Message Box」の省略形。「MsgBox "○○"」と記述すると、メッセージボックスに「○○」と表示できるんだ。詳しい仕組みは、LESSON12で解説するよ。

SECTION 2 [マクロ]ダイアログボックスからマクロを実行する

練習用ファイル ▶ 挨拶表示.xlsm

それでは、**作成したマクロを実行**してみましょう（このセクションから始める場合は、練習用ファイル「挨拶表示.xlsm」を開きます）。マクロの実行方法は複数用意されています。まずは、**[マクロ]ダイアログボックスを使用する方法**を紹介します。この方法は、実行前に特別な準備がいらないので、マクロの開発段階でテスト実行したいときや、1回限りのマクロを実行するときに役に立ちます。

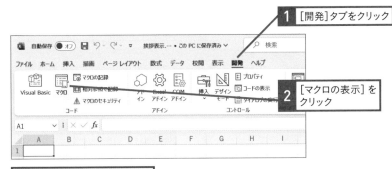

1 [開発]タブをクリック

2 [マクロの表示]をクリック

[マクロ]ダイアログボックスが表示された

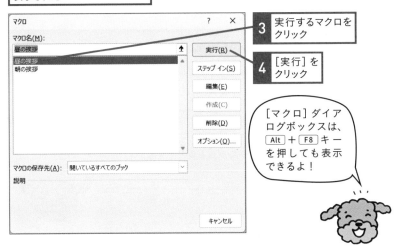

3 実行するマクロをクリック

4 [実行]をクリック

[マクロ]ダイアログボックスは、Alt＋F8キーを押しても表示できるよ！

41

マクロが実行された

やったー、
実行成功だ！

3 VBEからマクロを実行する

VBEでマクロを作成しているときに、テスト実行したいことがあります。そんなときは、**VBEの [Sub/ユーザーフォームの実行] ボタン**を使用してマクロを実行します。

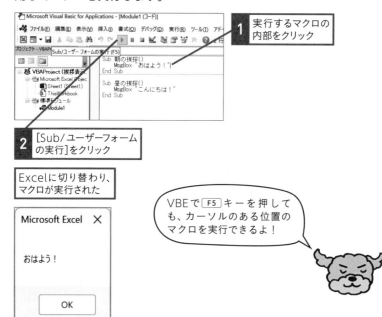

1 実行するマクロの
内部をクリック

2 [Sub/ユーザーフォーム
の実行]をクリック

Excelに切り替わり、
マクロが実行された

VBEで F5 キーを押して
も、カーソルのある位置の
マクロを実行できるよ！

42

SECTION

4 ショートカットキーでマクロを実行する

マクロに**ショートカットキーを割り当てる**と、**素早く実行できて便利**です。例えば、下図の操作3で「q」と入力すると Ctrl + Q キーを押したときに、また「Q」と入力すると Ctrl + Shift + Q キーを押したときにマクロを実行できます。なお、Ctrl + C など、Excelの既定のショートカットキーをマクロに割り当てると、既定の操作が無効になります。

41ページを参考に[マクロ]ダイアログボックスを表示しておく

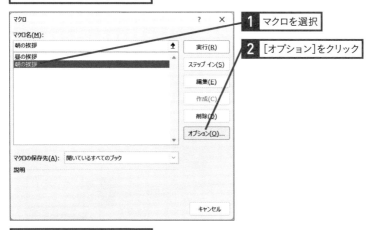

1 マクロを選択

2 [オプション]をクリック

[マクロ] ダイアログボックスが表示された

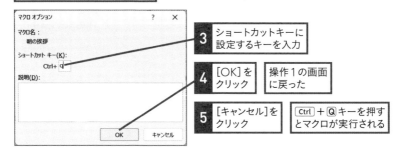

3 ショートカットキーに設定するキーを入力

4 [OK]をクリック

操作1の画面に戻った

5 [キャンセル]をクリック

Ctrl + Q キーを押すとマクロが実行される

練習用ファイル ▶ 04-04-01_完成.xlsm

5 クイックアクセスツールバーに登録して実行する

クイックアクセスツールバーにマクロ実行用のボタンを追加すると、いつでもワンクリックでマクロを実行できます。マクロはそのマクロを保存したブックが開いていないと実行できないので、ここではマクロの保存先のブックにのみ実行用ボタンが表示されるようにします。

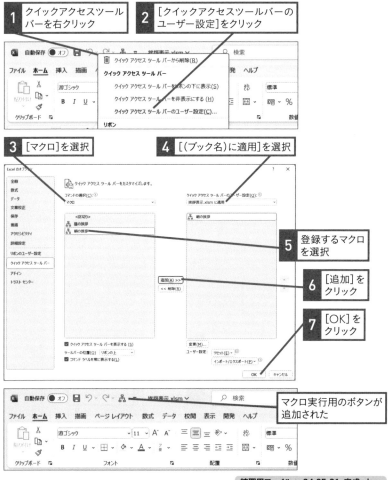

1 クイックアクセスツールバーを右クリック

2 [クイックアクセスツールバーのユーザー設定]をクリック

3 [マクロ]を選択

4 [(ブック名)に適用]を選択

5 登録するマクロを選択

6 [追加]をクリック

7 [OK]をクリック

マクロ実行用のボタンが追加された

練習用ファイル ▶ 04-05-01_完成.xlsm

SECTION
6 実行ボタンを作成してマクロを実行する

特定のワークシートで使用するマクロは、その**シートにマクロ実行用の
ボタンを作成**すると便利です。ほかの人に使ってもらう場合も、わかり
やすく実行してもらえます。

1 [開発]タブをクリック

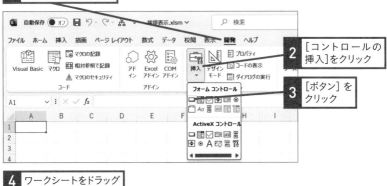

2 [コントロールの挿入]をクリック

3 [ボタン]をクリック

4 ワークシートをドラッグ

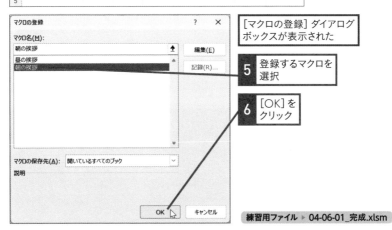

[マクロの登録] ダイアログ
ボックスが表示された

5 登録するマクロを選択

6 [OK]をクリック

練習用ファイル ▶ 04-06-01_完成.xlsm

45

7 ボタン名を入力

	A	B	C	D	E	F	G	H	I
1									
2		朝の挨拶							
3									
4									
5									

ボタンの配置を変えたいときは、[Ctrl]キーを押しながらクリックすると、ボタンを選択できるよ！

なお、ボタンに割り当てるマクロをあとから変更する場合は、以下のように操作すると前ページの操作5の画面が表示されるので、割り当てるマクロを設定し直してください。

1 ボタンを右クリック

2 [マクロの登録]をクリック

	A	B	C	D	E	F	G
1							
2							
3		朝の挨					
4							

✂ 切り取り(T)
🗐 コピー(C)
📋 貼り付けのオプション:
Ａ テキストの編集(X)
グループ化(G) ▶
順序(R) ▶
マクロの登録(N)...
✎ コントロールの書式設定(F)...

[マクロの登録] ダイアログボックスが表示されるので、45ページの操作5～6を実行する

🐾 このLESSONのポイント

- マクロの開発段階や、1回限りのマクロは、VBEからの実行 や［マクロ］ダイアログボックスからの実行が便利。
- ブック内のどのワークシートからも実行するマクロは、ショートカットキーやクイックアクセスツールバーのボタンを割り当てておくのが便利。
- 特定のワークシートのみで実行するマクロは、ワークシートに実行ボタンを配置しておくと便利。

LESSON 05　エラー
エラーが起きたときの対処

 プー助、助けて！　「**コンパイルエラー**」っていうエラーメッセージが出ちゃったよ！

 裕太くん、スペルミスしているよ。「MsgBoz」じゃなくて「MsgBox」だよ。よし、転ばぬ先の杖だ！　今日は、**もしエラーが起きたらどうしたらいいか**、を解説しよう。

SECTION 1　入力時の「コンパイルエラー」に対処する

今後、複雑なマクロを組むようになると、マクロの完成までにさまざまなエラーに出くわします。そんなときに備えて、**エラーの種類とその対処**について触れておきます。と言っても、今の段階ではピンとこない話が多いので、ササッと目を通すだけで○K。今後エラーに遭遇したときに、このページに戻って対処してください。

エラーの種類は、**「コンパイルエラー」「実行時エラー」「論理エラー」**の**3種類**があります。初心者が最初に出会うエラーは、「コンパイルエラー」という文法ミスのエラーでしょう。

VBEでは、1行入力して確定するごとにその行の文法がチェックされます。例えば、始めカッコ「(」を入力したのに終わりカッコ「)」を入れ忘れたり、一続きで入力するべき構文の途中で行継続文字を入れずに改行したりすると、文法ミスと見なされます。

文法ミスが発見されると、「コンパイルエラー」と書かれたエラーメッセージを出してミスを知らせてくれます。その際、問題のある箇所が赤い文字に変わるので、その部分を修正しましょう。

コードの入力中に [コンパイルエラー]
が表示された

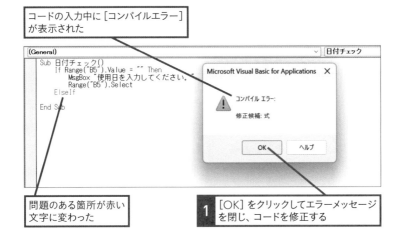

問題のある箇所が赤い
文字に変わった

1 [OK] をクリックしてエラーメッセージ
を閉じ、コードを修正する

STEP UP!

「コンパイルエラー」のメッセージを非表示にする

慣れないうちは、頻繁にコンパイルエラーに見舞われます。そのたびにエラーメッセージが表示されるので、裕太くんのように煩わしく感じるかもしれません。以下のように操作すると、コンパイルエラーが発生したときにメッセージ画面が表示されなくなります。メッセージ画面による警告がなくなるだけで、エラーの箇所はいつも通り自動で赤色に変わるので、エラーを見逃す心配はありません。

1 VBEの[ツール]メニューから[オプション]をクリック

[オプション]ダイアログボックスが表示された

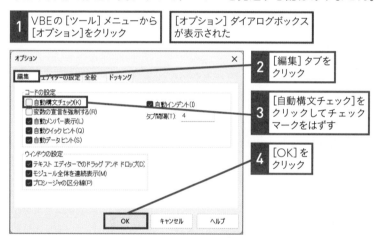

2 [編集]タブをクリック

3 [自動構文チェック]をクリックしてチェックマークをはずす

4 [OK]をクリック

SECTION

2 実行時の「コンパイルエラー」に対処する

マクロの実行時にも、実行直前に文法のチェックが行われます。ミスが見つかると、**マクロの処理が始まらずにVBEに切り替わり、コンパイルエラーが表示**されます。その際、問題の箇所がVBE上で青く反転します。その部分か、その付近のコードにエラーの原因があるので、いったんマクロの実行を中止してからコードを修正してください。

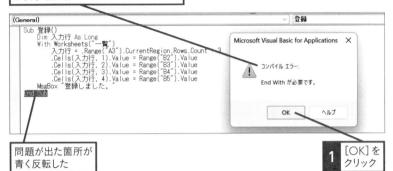

マクロを実行したら [コンパイルエラー] が表示された

問題が出た箇所が青く反転した

```
Sub 登録()
    Dim 入力行 As Long
    With Worksheets("一覧")
        入力行 = .Range("A3").CurrentRegion.Rows.Count + 3
        .Cells(入力行, 1).Value = Range("B2").Value
        .Cells(入力行, 2).Value = Range("B3").Value
        .Cells(入力行, 3).Value = Range("B4").Value
        .Cells(入力行, 4).Value = Range("B5").Value
    MsgBox "登録しました。"
End Sub
```

Microsoft Visual Basic for Applications ✕

⚠ コンパイル エラー:

End With が必要です。

OK　　ヘルプ

1 [OK]をクリック

2 [リセット]をクリック

マクロの実行が中止されるので、コードを修正する

```
Sub 登録()
    Dim 入力行 As Long
    With Worksheets("一覧")
        入力行 = .Range("A3").CurrentRegion.Rows.Count + 3
        .Cells(入力行, 1).Value = Range("B2").Value
        .Cells(入力行, 2).Value = Range("B3").Value
        .Cells(入力行, 3).Value = Range("B4").Value
        .Cells(入力行, 4).Value = Range("B5").Value
    MsgBox "登録しました。"
End Sub
```

文法ミスのチェックは入力時と実行直前の2回。実行直前では、複数のコードが絡んだ文法ミスもチェックされるよ！

入力時に発見されなかった文法ミスが、実行時にもれなく発見されるんだね。

入力時のコンパイルエラー
→直前に入力した赤い文字のコードを修正

実行時のコンパイルエラー
→実行を中止してから、青い部分の付近のコードを修正

そもそも「**コンパイル**」とは、**VBAのコードをコンピューター向けの「機械語」的な記号に翻訳する**ことです。VBAではマクロを実行すると、最初に「コンパイル」が行われます。文法ミスがあるとコンパイルを行えないことから、コンパイルエラーが発生します。なお、入力中に発生するコンパイルエラーは、コンパイル時に発生するであろうエラーを先取りして知らせてくれるものです。

SECTION
3 「実行時エラー」に対処する

コンパイルに成功するとマクロの実行が開始されますが、その最中に「実行時エラー」が発生することがあります。**実行時エラーとは、主に実行環境が整っていないときに発生するエラー**です。数値計算に使用するセルに文字が入力されていたり、操作しようとしたワークシートが削除されていたときなどに発生します。

エラーが発生すると実行が中断し、中断しているコードがVBE上で黄色く反転します。黄色い行の上のコードまでは実行が済んでいる、という意味です。黄色い行のコードや、そのコードで操作しているセルやワークシートなどの**実行環境に問題がある可能性が高い**ので、よく確認しましょう。黄色い行に問題がない場合は、直前のコードで実行された処理がエラーの原因となっている可能性があるので、順番に行をさかのぼって確認してください。

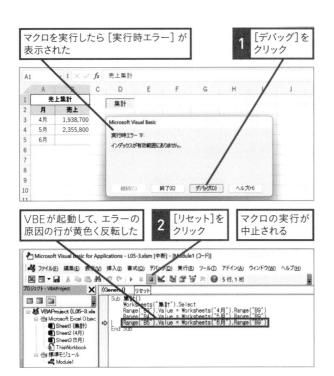

マクロを実行したら［実行時エラー］が表示された

1 ［デバッグ］をクリック

VBEが起動して、エラーの原因の行が黄色く反転した

2 ［リセット］をクリック

マクロの実行が中止される

実行時エラー

黄色く反転したコードやその直前に行った処理に問題がある！
↓
メッセージを閉じ、実行を中止してからコードや実行環境を確認

実行時エラーが出たときにそのまま実行を取りやめたい場合は、メッセージ画面の［終了］ボタンをクリックしてね。

SECTION 4 「論理エラー」に対処する

「論理エラー」は、マクロの実行が正常に終了したものの、思い通りの実行結果が得られない状態を言います。例えば、集計表から数値データを削除したかったのに文字データも削除されてしまった、というようなケースです。

コンパイルエラーや実行時エラーのようなエラーメッセージが出るわけではないので、論理エラーの原因を探るには**原因となるコードを自分で探す**しかありません。VBEには、マクロの実行時に処理がどのように進んでいるのかを検証するツールが用意されています。248ページで紹介するので、そのようなツールを使用しながら論理エラーの原因を探すとよいでしょう。

どの行に問題があるのか、教えてくれないの？

論理エラーは自分で丹念にコードをチェックして原因を探るしかないんだよ。

🐾 このLESSONのポイント

- 入力時の「コンパイルエラー」は、直前に確定した行の文法に問題がある。
- 実行時の「コンパイルエラー」は、青く反転した付近のコードの文法に問題がある。
- 「実行時エラー」は、黄色く反転したコードやその実行環境に問題がある。もしくは、その直前に行った処理に問題がある。
- 「論理エラー」は、思い通りの結果が得られるようになるまで、コードを丹念に検証する必要がある。

EPILOGUE

Sub␣プー助へ_その1()↵
　MsgBox␣"VBAとVBEは言葉が似ていて難しい。"↵
End␣Sub↵

「A」はプログラミング言語で、「E」は編集ソフトだよ。使っているうちに自然に覚えられると思うよ。

Sub␣プー助へ_その2()↵
　MsgBox␣"早くVBAを覚えて仕事をバリバリこなしたい！"↵
End␣Sub↵

大丈夫、ボクに任せて！　っていうか、勉強熱心なのは感心だけど、メッセージボックス越しに会話するのはやめようよ。

ハハハ、ゴメン、ゴメン。明日からもご指導よろしくお願いします！

第 2 章

オブジェクト・プロパティ・メソッドって何？

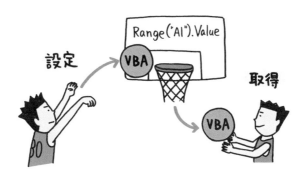

PROLOGUE

 プログラミングって、覚えることがたくさんあって大変そう…。

 Excelの操作の数だけ命令用の単語が用意されているから、単語の数は膨大だね。でも、心配は無用。だって、中学校で英語を習ったときのことを思い出してみて。

 え、えいご……？

 最初に、**ほんの少しの単語と、単語の並べ方**を教わっただけで、「I have a pen.」「He is a teacher.」なんて具合に、英語の文を書けたでしょ。和英辞書で「自転車」を調べれば、「I have a bicycle.」と応用もできたしね。

 まあね。でも、プログラミングと関係ある？

 大ありさ！　VBAも英語と同じ。英単語を「主語　動詞　目的語」の順に並べるみたいに、**VBAの単語も並べ方が決まっているんだ。その決まりさえ理解できれば、あとはネットやAIで単語を調べて、それを決まりに当てはめればいいわけ。**

 なるほど、まずは単語の並べ方を覚えればいいんだね。

 そーいうこと♪　それじゃあ、英語の「主語」や「動詞」にあたるVBAの用語「オブジェクト」「プロパティ」「メソッド」と、それを並べて命令文にするやり方を解説していくよ！

LESSON 06 2つの文型
まずは2つの文型を覚えよう

 Excel VBAにはたくさんの構文があるけど、**Excelの機能を実行するための構文はズバリ2つ**だけ!

 「Excelの機能を実行」って?

 「入力する」とか「コピーする」とか、裕太くんが**いつもパソコンで行っているExcelの操作**のことさ。

SECTION 1 Excelの機能はわずか2つの文型で実行できる

みなさんは、普段Excelでどんな操作をしていますか? 入力、書式設定、グラフ作成、印刷、保存…、とてもたくさんの操作をしていることでしょう。その中から、セルに文字を入力するときのことを思い浮かべてください。まず、入力するセルを選択して、次にキーボードで文字を打ち込みますね。

セルA1を選択して…

「集計表」と入力…

いいぞ

カチャ

57

そう、文字を入力するには、入力先のセルを選択しておく必要があるのです。これは、「入力」という操作が、セルに対して行う操作だからです。シート名の変更はワークシートに対して行う操作、上書き保存はブックに対して行う操作です。

Excelの操作は、**何らかの対象に向けて行っている**わけですね。セル、ワークシート、ブック、図形、グラフ…、これらはみんな、Excelの"操作対象"です。VBAでは、この**操作対象のことを「オブジェクト」と呼び**ます。

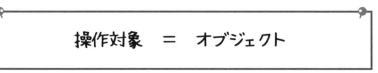

操作対象　＝　オブジェクト

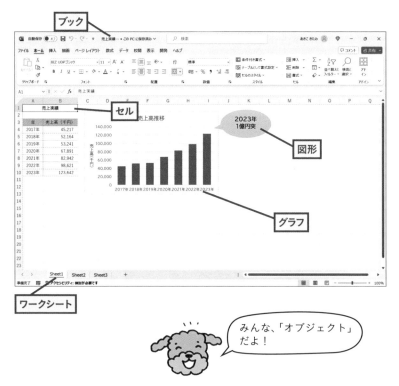

みんな、「オブジェクト」だよ！

Excelの操作をVBAで命令するには、操作対象、つまり**オブジェクト**と、その**オブジェクトに対して行うことをセット**で指定します。

Excelのオブジェクトはセル、ワークシート、ブック、図形、グラフ…、とたくさんあります。そして、それぞれのオブジェクトに対して行いたいことはきっと**膨大な数に上る**でしょう。

「えぇ～。そんなにたくさんの命令文、覚えきれないよ！」って、裕太くんの声が聞こえてきそうですね。でも、心配には及びません。だって、**命令文の文型は、次の2種類しかない**んですから！

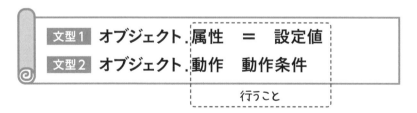

2 文型その1、オブジェクトの属性を設定する

文型1から見ていきましょう。これは、操作対象の**オブジェクトの属性を設定するための構文**です。

 文型1 **オブジェクト . 属性 ＝ 設定値**

「属性」とは、オブジェクトの状態を決める項目のこと。例えば、「セル」というオブジェクトなら、「値」「文字配置」「表示形式」などが、属性にあたります。

下の図では、セルA1に「100」が入力され、中央揃えと通貨スタイルが設定されていますね。VBA的に言うと、「セルA1」というオブジェクトの「値」属性に「100」、「文字配置」属性に「中央揃え」、「表示形式」属性に「通貨スタイル」が設定されている、となります。

	A	B	C	D
1	¥100			
2				
3				
4				

「セルA1」オブジェクト

属性	設定値
値	100
文字配置	中央揃え
表示形式	通貨スタイル

もう一度、文型1を見てください。「オブジェクト」と「属性」の間に「.」(ピリオド) があります。「オブジェクト.属性」は、「.」を「の」と読み替えて、**「オブジェクトの属性」**と読みます。

また、左辺の「オブジェクト.属性」と右辺の「設定値」の間に「＝」(イコール)がありますね。この「＝」は「等しい」という意味ではなく、**「左辺に右辺を代入する」**という意味です。

文型1は、「オブジェクトの属性に設定値を代入する」、つまり、「**オブジェクトの属性を設定値にせよ**」という意味の命令文なのです。

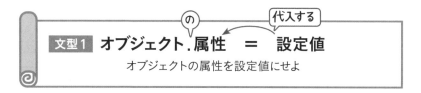

さて、「セル」というオブジェクトに、「値」という属性があったことを思い出してください。セルA1の値を「100」にするための命令文は、文型1に当てはめると次のように書けます。

実際に、セルA1の値を「100」にするためのVBAのコードを書いてみましょうか。

セルは、VBAでは「**Range("セル番号")**」で表します。「Range」は英語で「範囲」という意味です。セル範囲をイメージした用語なのでしょう。

「セルA1」は「Range("A1")」、「セルA1 ～ C4」は「Range("A1:C4")」と書きます。セル範囲を「A1:C4」のように「:」（コロン）で結ぶのは、Excelの SUM 関数と同じルールですね。

書式	セルを表すオブジェクト

Range("セル番号[:セル番号]")

セルの「値」は、VBAでは「Value」と書きます。英単語の「値」そのままの意味ですね。

(セルの)値

Value

さあ、以上の用語を文型1に当てはめてみましょう。英字、数字、記号など、**すべての文字を半角**で書きます。

コード

Range("A1").Value = 100
オブジェクト　　　属性　　　設定値

意味 セルA1の値を「100」にせよ

練習用ファイル ▶ 06-02-01_完成.xlsm

「Range("A1").Value = 100」というコードを実行すれば、セルA1に「100」という数値を入力できるというわけです。意外と簡単だと思いませんか？　コードの詳細は練習用ファイル「06-02-01_完成.xlsm」を開いて確認しましょう。

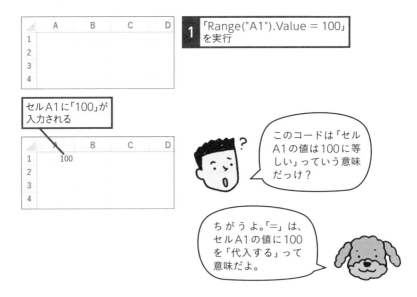

1 「Range("A1").Value = 100」を実行

セルA1に「100」が入力される

このコードは「セルA1の値は100に等しい」っていう意味だっけ？

ちがうよ。「=」は、セルA1の値に100を「代入する」って意味だよ。

ちなみに、**セルに文字列を入力したいときは、その文字列を「"」（ダブル
クォーテーション）で囲んで指定**します。例えば、セルA1に「売上表」と
入力するには、以下のように書きます。

コード `Range("A1").Value="売上表"`

意味 セルA1の値を「売上表」にせよ

練習用ファイル ▶ 06-02-02_完成.xlsm

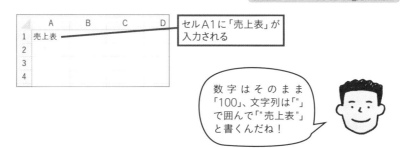

セルA1に「売上表」が
入力される

数字はそのまま
「100」、文字列は「"」
で囲んで"売上表"
と書くんだね！

最後に、文型1の応用問題です。セルC3の値をセルA1に入力するには
どうすればいいと思いますか？　練習用ファイル「06-02-03.xlsm」を
開いてコードを入力してみましょう。

練習用ファイル ▶ 06-02-03.xlsm

セルC3の値をセルA1に
入力したい

ど、どうしよう？
急に難しくなった？

落ち着いて。そんなに難しく
考える必要はないよ。

あまり難しく考える必要はありません。文型1の「設定値」の部分に、「セルC3の値」を当てはめればよいのです。「セルC3の値」は「Range("C3").Value」で表せます。

コード
Range("A1").Value=Range("C3").Value
　　　オブジェクト　　　　　属性　　　　　　設定値
意味 セルA1の値をセルC3の値にせよ

文型1の右辺に「Range("C3").Value」と書くと、現在セルC3に入力されている値を取り出して、左辺で指定したセルA1に入力できるというわけです。

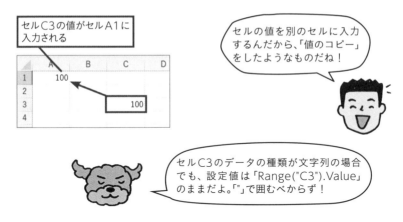

セルC3の値がセルA1に入力される

セルの値を別のセルに入力するんだから、「値のコピー」をしたようなものだね！

セルC3のデータの種類が文字列の場合でも、設定値は「Range("C3").Value」のままだよ。「"」で囲むべからず！

オブジェクトの属性のことを、VBAの専門用語で「プロパティ」と呼びます。今後、「Value」は「Valueプロパティ」と表記します。

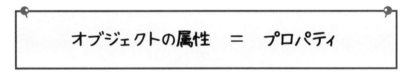

オブジェクトの属性　＝　プロパティ

SECTION
3 **文型その2、オブジェクトの動作を実行する**

文型2は、**オブジェクトの動作を実行する構文**です。「オブジェクト.動作」の「.」（ピリオド）は「を」と読み替えて、「**オブジェクトを動作せよ**」と読みます。

【を】

文型2 **オブジェクト.動作**

オブジェクト を 動作せよ

「セル」というオブジェクトなら、「選択する」「クリアする」「移動する」「コピーする」などが、動作にあたります。

それでは、セルA1をクリアする（データを消去する）ための命令文を作ってみましょう。

練習用ファイル ▶ 06-03-01.xlsm

文型2 **セルA1 . クリア**

オブジェクト 動作

意味 セルA1をクリアせよ

次に、これをVBAのコードにしてみましょう。「クリアする」は、VBAでは「ClearContents」と書きます。これも英語と同じく「コンテンツ（内容）をクリアする」という意味ですね。

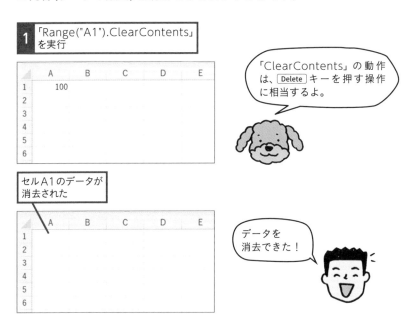

書式 （セルを）クリアする

ClearContents

実際のVBAのコードは、以下のようになります。

コード `Range("A1").ClearContents`
オブジェクト　　　　　　　動作

意味 セルA1をクリアせよ

「Range("A1").ClearContents」というコードを実行すれば、セルA1
の内容（データや数式）を消去できるというわけです。

1 「Range("A1").ClearContents」を実行

	A	B	C	D	E
1	100				
2					
3					
4					
5					
6					

「ClearContents」の動作は、Delete キーを押す操作に相当するよ。

セルA1のデータが
消去された

	A	B	C	D	E
1					
2					
3					
4					
5					
6					

データを
消去できた！

あれ、たしか59ページの文型には『動作条件』という文字が入っていたはず。でも、65ページの文型には入っていないね？

> **文型2** **オブジェクト.動作　動作条件**

裕太くん、するどいですね！　実は、**動作の種類によっては、動作条件が必要になるものがあります。** 例えば、「コピーする」という動作の場合、コピー先のセルが動作条件となります。

動作条件については、LESSON**09**で詳しく解説します。

> **文型2** **セルA1 . コピー　　セルB1へ**
> 　　　　　オブジェクト　　動作　　　　動作条件
> **意味** セルA1をセルB1へコピーせよ

オブジェクトの動作のことを、「メソッド」と呼びます。例えば、「ClearContents」は「ClearContentsメソッド」と呼びます。

> # オブジェクトの動作　＝　メソッド

「オブジェクト」「プロパティ」「メソッド」はVBAでは非常に重要な用語なので覚えておいてくださいね。

4 【マクロ作成】集計表をクリアする

実際にマクロを作成して、LESSONの内容を復習しましょう。

▶作成するマクロ　　　　　　　　練習用ファイル ▶ 06-04-01.xlsm

「BEFORE」の表には、渋谷店の売上データが集計されています。この表を別の支店の集計に使い回せるように、「AFTER」の表の状態にするマクロ「リセット」を作ってみましょう。

BEFORE

	A	B	C	D	E	F	G	H
1	渋谷店売上表							
2								（単位：千円）
3		第1四半期	第2四半期	半期計	第3四半期	第4四半期	半期計	年計
4	食品	283,000	296,385	579,385	266,143	270,559	536,702	1,116,087
5	家電	156,039	177,492	333,531	160,549	150,043	310,592	644,123
6	衣料品	55,112	50,988	106,100	77,032	51,054	128,086	234,186
7	日用品	64,809	60,235	125,044	54,526	62,485	117,011	242,055
8	合計	558,960	585,100	1,144,060	558,250	534,141	1,092,391	2,236,451
9								

セル A1 に「○○店売上表」と入力

AFTER

	A	B	C	D	E	F	G	H
1	○○店売上表							
2								（単位：千円）
3		第1四半期	第2四半期	半期計	第3四半期	第4四半期	半期計	年計
4	食品			0			0	0
5	家電			0			0	0
6	衣料品			0			0	0
7	日用品			0			0	0
8	合計	0	0	0	0	0	0	0
9								

セルB4 ～ C7のデータを消去　　　セルE4 ～ F7のデータを消去

> **HINT**
> - セルを表すには「Range("セル番号")」、セル範囲を表すには「Range("セル番号：セル番号")」と記述します。
> - セルの値を設定するにはValueプロパティを使います。
> - セルのデータを消去するにはClearContentsメソッドを使います。

▶コード

1	Sub␣リセット()↵
2	⎡Tab⎦Range("A1").Value␣=␣"○○店売上表"↵
3	⎡Tab⎦Range("B4:C7").ClearContents↵
4	⎡Tab⎦Range("E4:F7").ClearContents↵
5	End␣Sub↵

1	マクロ[リセット]の開始
2	セルA1の値を「○○店売上表」にする
3	セルB4 ～ C7のデータを消去する
4	セルE4 ～ F7のデータを消去する
5	マクロの終了

```
(General)
Sub リセット()
    Range("A1").Value = "○○店売上表"
    Range("B4:C7").ClearContents
    Range("E4:F7").ClearContents
End Sub
```

やったー！
はじめて自力
でマクロを組
んだぞ！

🐾 このLESSONのポイント

- 操作対象を「オブジェクト」と呼ぶ。
- オブジェクトの属性を「プロパティ」と呼ぶ。
- 属性を設定する文型は「オブジェクト．属性 ＝ 設定値」。
- オブジェクトの動作を「メソッド」と呼ぶ。
- 動作を実行する文型は「オブジェクト．動作 動作条件」。
- 動作条件の指定は不要な場合がある。

大文字/小文字の使い分け

LESSON03で解説したとおり、コードを小文字で入力しても、カーソルがほかの行に移動するタイミングで**自動的に大文字/小文字が正しく変換**されます。小文字のまま変わらないときは、入力ミスに気付くきっかけにもなるので、小文字で入力することをお勧めします。

ただし、「"」（ダブルクォーテーション）で囲まれた中身は大文字への自動変換が行われないので、「Range("A1")」の「A1」は最初から大文字で入力してください。

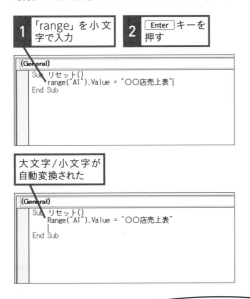

小文字で入力した単語が大文字に変わらなかったときは、スペルミスを疑って見直してね。

STEP UP!

入力支援機能を活用しよう

VBEには、**コードの入力支援機能**があります。例えば、「Range("A1").」と「.」まで入力すると、「Range("A1")」のプロパティ（属性）やメソッド（動作）のリストが表示され、その中から選ぶだけで素早く入力できます。入力の手間を省けるだけでなく、入力ミスを防ぐのにも役に立つので、**利用しない手はありません。**

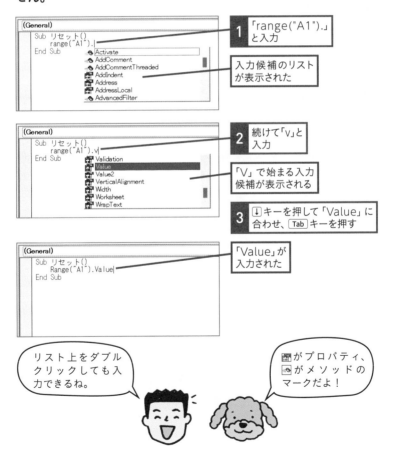

1 「range("A1").」と入力

入力候補のリストが表示された

2 続けて「v」と入力

「V」で始まる入力候補が表示される

3 ↓キーを押して「Value」に合わせ、Tabキーを押す

「Value」が入力された

リスト上をダブルクリックしても入力できるね。

📇がプロパティ、📄がメソッドのマークだよ！

71

オブジェクトは"操作対象"

 ここからは、「**オブジェクト**」について詳しく見ていくよ。

 オブジェクトって、セルとか、図形とか、グラフとか、VBAの操作対象のことだったよね。

 そう。VBAで操作するあらゆるモノが、オブジェクトだよ!

オブジェクトには呼び名がある

LESSON06で、操作対象が「オブジェクト」であることを学びました。**ブックもワークシートもセルも、みんなオブジェクト**です。Excel自体も、「Excelを終了する」「Excelの標準のフォントサイズを設定する」などの操作の対象となるので、オブジェクトと言えます。

1.「セル」に受注データを入力

2.「ブック」を上書き保存

3.「Excel」を終了

裕太くんのやっていることはみんな、「オブジェクト」に対する操作だよ。

オブジェクトには、みんな呼び名が付いています。下表は、代表的なオブジェクトの呼称です。

●主なオブジェクトの呼称

オブジェクト	呼称
Excel	Applicationオブジェクト
ブック	Workbookオブジェクト
ワークシート	Worksheetオブジェクト
セル	Rangeオブジェクト
グラフ	ChartObjectオブジェクト
図形	Shapeオブジェクト

通常、私たちはセルのことを「セル」と呼びますが、VBAの世界では**Rangeオブジェクト**と呼ぶわけです。本書では、主に**Workbookオブジェクト**、**Worksheetオブジェクト**、**Rangeオブジェクト**の3つを扱います。

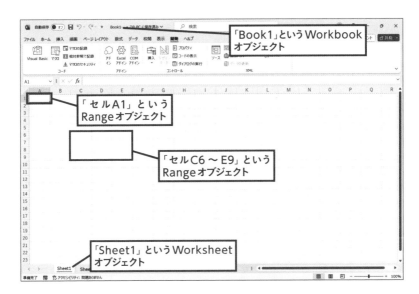

「Book1」というWorkbookオブジェクト

「セルA1」というRangeオブジェクト

「セルC6～E9」というRangeオブジェクト

「Sheet1」というWorksheetオブジェクト

第2章 オブジェクト・プロパティ・メソッドって何？

オブジェクトの集まりが"コレクション"

VBAでは、「ブック内のすべてのワークシート」とか、「開いているすべてのブック」など、同じ種類のオブジェクトをひとまとめにして扱うことができます。そうした「**オブジェクトの集合**」を「**コレクション**」と呼びます。

例えば、Worksheetオブジェクトの集合は「Worksheets」コレクション、Workbookオブジェクトの集合は「Workbooks」コレクションです。通常、コレクションの呼び名はオブジェクトの呼び名に複数形の「s」を付けた単語になっています。

●主なコレクションの呼称

オブジェクト	コレクション	コレクションの説明
Workbook	Workbooks	開いているすべてのブック
Worksheet	Worksheets	ブック内のすべてのワークシート
ChartObject	ChartObjects	ワークシート上のすべてのグラフ
Shape	Shapes	ワークシート上のすべての図形

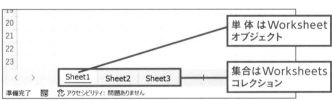

あれ、前ページの表にはRangeオブジェクトのコレクションが入っていないよ！

裕太くん、いいところに気が付きましたね。実は、**Rangeオブジェクトは例外的なオブジェクト**です。

> **コード** Range("A1")

とすれば単一のセル、

> **コード** Range("A1:C4")

とすれば複数のセルを表せたことを思い出してください。Rangeオブジェクトは、単一のセルも複数のセルも表せるのです。Rangeオブジェクトは、**それ自体がコレクションの役割を担う特殊なオブジェクト**です。

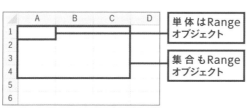

単体はRange
オブジェクト

集合もRange
オブジェクト

1つでも複数でも「Range」なんだね！

$$Range("A1") = Rangeオブジェクト$$

$$Range("A1:C4") = Rangeオブジェクト$$

3 シートやブックはVBAでどう書くの?

セルA1は「Range("A1")」と表しますが、ワークシートはどのように表すのでしょうか。実は、コレクションの要素を表すための、コレクション共通の記述方法が2つあります。1つは、次の書式のように**名前を指定する方法**です。

> コレクションの要素の表し方 1
> ## コレクション("名前")

ワークシートのコレクションは「Worksheets」なので、「納品書」という名前のワークシートは「Worksheets("納品書")」と記述します。

「Worksheets」はブック内のすべてのワークシートのことなので、「Worksheets("納品書")」を翻訳すると、全ワークシートの中の「納品書」という名前のワークシート、というイメージですね。

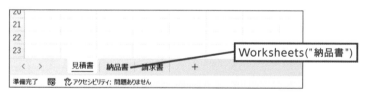

2つ目は、**インデックス番号を指定する方法**です。

> コレクションの要素の表し方 2
> ## コレクション(インデックス番号)

Worksheetsコレクションの**インデックス番号は、ワークシートの左から数えた数値**です。例えば、「納品書」シートは左から2番目にあるので、「Worksheets(2)」と記述します。ブック内の全ワークシートの中の2番目のワークシート、というイメージです。

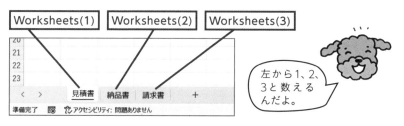

左から1、2、3と数えるんだよ。

なお、**アクティブシート**なら、シート名やインデックス番号を使わなくても簡単に「ActiveSheet」と表せます。アクティブシートとは、**最前面に表示されているワークシート**のことです。

書式　最前面のWorksheetオブジェクトの表し方

ActiveSheet

ワークシートの場所が変わっても最前面がActiveSheetとなる

ActiveSheet

ActiveSheet

「ActiveSheet」は最前面のワークシートを表すWorksheetオブジェクトだよ！

ワークシートを切り替えると、「ActiveSheet」が指すワークシートも変わるんだね！

「Worksheets("納品書")」「Worksheets(2)」「ActiveSheet」には単数形の「Worksheet」という単語が入っていませんが、**実体は1枚のワークシート、つまりWorksheetオブジェクト**です。

```
Worksheets = Worksheetsコレクション

Worksheets("納品書") = Worksheetオブジェクト

Worksheets(2) = Worksheetオブジェクト

ActiveSheet = Worksheetオブジェクト
```

ここで、LESSON06で紹介した文型を使って、Worksheetオブジェクトに対する命令文の書き方を練習してみましょうか。

> 文型1 **オブジェクト.属性 ＝ 設定値**
> 文型2 **オブジェクト.動作**

まずは、文型1の練習から。

ワークシートの**シート名を設定する**には、「Name」という**属性（プロパティ）を使用**します。

書式 ワークシートの名前

Worksheetオブジェクト.Name

それでは、アクティブシートのシート名を「集計」に変更するコードを書いてみましょう。「オブジェクト」に「ActiveSheet」、「属性」に「Name」を当てはめればいいんですよ。

練習用ファイル ▶ 07-03-01.xlsm

コード　ActiveSheet.Name = "集計"
　　　　オブジェクト　　属性　　　設定値

意味　アクティブシートの名前を「集計」にする

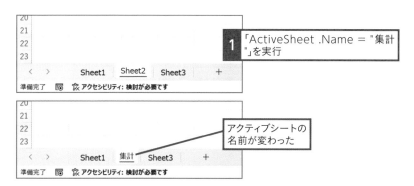

1 「ActiveSheet .Name = "集計"」を実行

アクティブシートの名前が変わった

次に、文型2の練習です。ワークシートを**「印刷する」**という**動作**を行う**には、「PrintOut」というメソッド**を使います。

書式　ワークシートを印刷する
Worksheetオブジェクト.PrintOut

それでは、「集計」という名前のワークシートを印刷するコードを書いてみてください。

コード　Worksheets("集計").PrintOut
　　　　オブジェクト　　　　　　動作

意味　[集計]シートを印刷する

書けたでしょうか。**文型さえ身に付けておけば、どんなオブジェクトでも同じ感覚でコードを書けるのですね。**

最後に、ブックについても説明しておきます。ブックも、76ページの「コレクションの要素の表し方」に従って記述できます。「伝票.xlsx」という名前のブックは「Workbooks("伝票.xlsx")」となります。

伝票.xlsx

また、ブックのインデックス番号は開いた順に1、2、3と振られるので、最初に開いたブックは「Workbooks(1)」と記述します。ただし、ブックを閉じるとインデックス番号が変化するので、インデックス番号を使用する場合は注意してください。

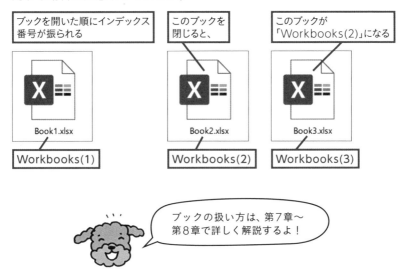

SECTION

4 コレクションもオブジェクト

次のコードを実行すると、どうなると思いますか？

コード `Worksheets.PrintOut`

答えは、**ブック内のすべてのワークシートが印刷される**、です。

コレクションを単に「オブジェクトを束ねるもの」のようにイメージされていたかもしれませんが、実は**コレクション自体もオブジェクト**です。「ブック内の全ワークシートを印刷する」「開いているすべてのブックを閉じる」というように、コレクションも操作対象になるのです。VBAでは「操作対象はすべてオブジェクト」でしたね。Worksheetsコレクションは Worksheetsオブジェクト、Workbooksコレクションは Workbooksオブジェクトとも呼べます。

なお、Worksheetsコレクションと Worksheetオブジェクトは別物のオブジェクトです。PrintOutメソッドはどちらのオブジェクトでも使えますが、すべてのメソッド（動作）やプロパティ（属性）が共通というわけではありません。

オブジェクトの階層構造

唐突ですが、子供の頃、担任の先生から「山田君を呼んできて」と頼まれたとしたら、どの山田君を呼んだでしょうか？　同じクラスの山田君ですよね。違うクラスなら「2組の山田君」、学年も違えば「3年2組の山田君」というふうに組や学年を言い添えるでしょう。

セルの場合も同じです。

> **コード** Range("A1")

と記述したら、「**アクティブシートのセルA1**」の意味になります。

アクティブシートではないシートのセルA1を指定するときは、必ずワークシートとセルを「.」（ピリオド）でつなげて指定します。「.」は「の」と読み替えてください。

> **コード** Worksheets("Sheet2")⟮の⟯.Range("A1")
> **意味** [Sheet2]シートのセルA1

（彼女）

（裕太くんの彼女）

単に「彼女」と言ったらボクの彼女のこと。「裕太くんの彼女」の場合は「裕太くんの」を付けなきゃ意味が通らないのさ！

プ、プー助って、彼女いたの！？

さらに、アクティブブック（開いているブックの中で最前面に表示されるブック）でもない場合は、ブックも指定します。**ブック、ワークシート、セルと、階層に沿って指定する**わけですね。

```
コード
Workbooks("伝票.xlsx").Worksheets("Sheet2").Range("A1")
意味 [伝票.xlsx]ブックの[Sheet2]シートのセルA1
```

オブジェクトの階層構造は、下図のようになっています。最上位の「Application」は、Excelのことです。

●オブジェクトの階層構造

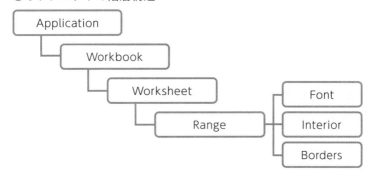

「Font」「Interior」「Borders」ははじめて出てきたオブジェクトですね。「Font」は文字の書式を操作するためのオブジェクト、「Interior」は塗りつぶしを操作するためのオブジェクト、「Borders」は罫線を操作するためのオブジェクトです。

文字や塗りつぶし、罫線をオブジェクトとして扱うのは奇妙に感じることでしょう。ここでは、そんなオブジェクトがあることだけを知っておいてください。詳しくは、LESSON**08**で解説します。

SECTION

6 ワークシートを行き来しながらのセル操作

ここからは、複数のワークシートを含むブックでセルを操作するコードを見ていきます。まず、文型2を使って、[Sheet1] シートのセルA1のデータを消去するコードを書いてみましょう。データの消去には、ClearContents メソッドを使います。

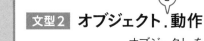

文型2 **オブジェクト.動作**

オブジェクト を 動作せよ

[Sheet1] シートのセルA1は「Worksheets("Sheet1").Range("A1")」で表せるので、コードは次のようになります。

コード
```
Worksheets("Sheet1").Range("A1").ClearContents
```

この場合「Sheet1」シートがアクティブシートであろうとなかろうと、このコードを実行すると、常に「Sheet1」シートのセルA1のデータが消去されます。

ちょっと、待って。1つの命令文に『.』が2つもある！それじゃあ、文型2に当てはまらないよ！

おや、裕太くんがプー助先生に疑問をぶつけているようですね。

不思議に思うのもごもっとも。文型2には「オブジェクト」と「動作」の間に「.」（ピリオド）が1つあるだけですからね。

しかし、このコードが文型2に沿っていないわけではありません。**コードの中に「.」が複数ある場合、最後の「.」の前までを1つのオブジェクトと見なします。** 手前の「.」は「の」と読み替えてください。つまり、「Worksheets("Sheet1").Range("A1")」の部分が「[Sheet1]シートのセルA1」を表すオブジェクトなのです。

次に、60ページの文型1を使って、[Sheet1]シートのセルA1に「100」を入力するコードを書いてください。セルの「値」にはValueプロパティを使うんですよ。

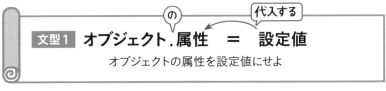

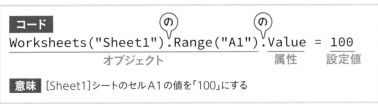

上のように書ければ正解です。

最後に、ちょっと難しい問題を出しますね。[Sheet1]シートのセルA1に、[Sheet2]シートのセルC3の値を入力するコードを書いてください。

練習用ファイル ▶ 07-06-01.xlsm

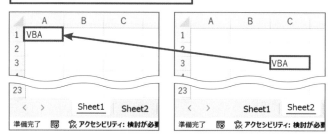

文型1の「設定値」の部分に、「[Sheet2]シートのセルC3の値」を意味する「Worksheets("Sheet2").Range("C3").Value」を当てはめればOKです。

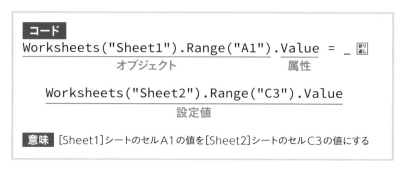

このコードは、[Sheet1]シートと[Sheet2]シートのどちらがアクティブシートである場合もきちんと動作します。なお、ここではコードが長くなったので設定値の前に行継続文字を入れて折り返しています。

行継続文字は、半角のスペースとアンダースコアだったね。

ちなみに、[Sheet1] シートがアクティブシートである場合は、前述の
コードから「Worksheets("Sheet1")」を省略できます。

省略
Range("A1").Value = Worksheets("Sheet2").Range("C3").Value
オブジェクト　属性　　　　　　　　　設定値

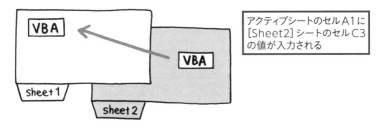

アクティブシートのセルA1に
[Sheet2]シートのセルC3
の値が入力される

逆 に、[Sheet2] シートがアクティブシートである場合は、
「Worksheets("Sheet2")」を省略できます。

省略
Worksheets("Sheet1").Range("A1").Value = Range("C3").Value
オブジェクト　　　　　　　属性　　　設定値

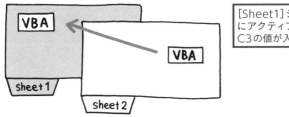

[Sheet1]シートのセルA1
にアクティブシートのセル
C3の値が入力される

ワークシートを省略したコードの場合、反対のワーク
シートをアクティブにした状態で実行すると、思い通り
の動作にならないので注意してね。

7 【マクロ作成】別シートのセルの値を転記する

実際にマクロを作成して、LESSONの内容を復習しましょう。

▶作成するマクロ　　　　　　　　　練習用ファイル ▶ 07-07-01.xlsm

[集計]シートのセルB4 〜 B6に[月別]シートのセルB7 〜 D7の値を入力するマクロ「データ転記」を作ってみましょう。このマクロは、[集計]シートの[転記]ボタンから実行するものとします。

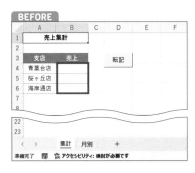

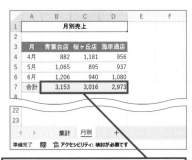

[集計]シートのセルB4 〜 B6に[月別]
シートのセルB7 〜 D7の値を転記したい

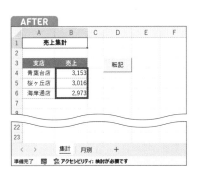

作成済みのボタンにマクロを割り当てる方法は、46ページの「ボタンに割り当てるマクロをあとから変更する方法」と同じだよ。

88

HINT

- セルの値を設定するにはValueプロパティを使います。
- [集計]シートの[転記]ボタンをクリックしてマクロを実行するので、マクロ実行時のアクティブシートは[集計]シートになります。
- アクティブシート以外のセルは、ワークシートとセルを「.」（ピリオド）でつないで指定します。

▶コード

```
1  Sub_データ転記()
2  [Tab]Range("B4").Value_=_Worksheets("月別").Range("B7").Value
3  [Tab]Range("B5").Value_=_Worksheets("月別").Range("C7").Value
4  [Tab]Range("B6").Value_=_Worksheets("月別").Range("D7").Value
5  End_Sub
```

1	マクロ[データ転記]の開始
2	セルB4に[月別]シートのセルB7の値を入力する
3	セルB5に[月別]シートのセルC7の値を入力する
4	セルB6に[月別]シートのセルD7の値を入力する
5	マクロの終了

マクロ[データ転記]は、[集計]シート上にある[転記]ボタンをクリックして実行するマクロです。ボタンをクリックするとき[集計]シートがアクティブシートになっているので、アクティブシートではない[月別]シートは、セルと一緒にワークシートを指定する必要があります。一方、アクティブシートである[集計]シート上のセルは、ワークシートの指定は必須ではありません。今回は、省略しました。

このLESSONのポイント

- セルを表すオブジェクトはRangeオブジェクト。
- ワークシートを表すオブジェクトはWorksheetオブジェクト。
- ブック内の全ワークシートの集合はWorksheetsコレクション。
- コレクションもオブジェクト。
- アクティブシート以外のセルはワークシートも一緒に指定する。

Valueプロパティは数式の「値」

「Value」は、セルの値を表すプロパティです。セルに数式が入力されている場合でも、数式ではなく数式の結果の値を表します。［月別］シートのセルB7には数式が入力されていますが、

```
Range("B4").Value = Worksheets("月別").Range("B7").Value
```

を実行すると、［集計］シートのセルB4に数式の結果の「値」が入力されます。

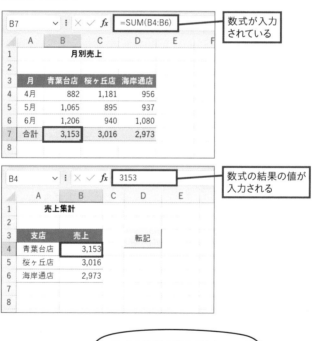

数式の結果の値を「Value」で取得できるんだね。

LESSON 08 プロパティ

プロパティ

プロパティは オブジェクトの "属性"

 Rangeオブジェクトにはどんなプロパティがあると思う？

 セルの値を設定するValueプロパティ。あとは文字配置とか、フォントサイズ、とか？

 文字配置は当たりだけど、フォントサイズは外れ！　今日のLESSONでその辺のことを詳しく説明するよ。

SECTION 1 プロパティはオブジェクトごとに決まっている

プロパティは、オブジェクトの状態を決める項目のことです。Rangeオブジェクトのプロパティ、Worksheetオブジェクトのプロパティ、Workbookオブジェクトのプロパティ…、という具合に、オブジェクトはそれぞれ固有のプロパティを持っています。

犬オブジェクト

プー助.犬種：トイプードル
プー助.年齢：5
プー助.毛色：茶色

人オブジェクト

裕太.職業：会社員
裕太.年齢：22
裕太.趣味：バスケ

プロパティの役割は"設定"と"取得"

練習用ファイル ▶ 08-02-01.xlsm

LESSON06でプロパティの使い方を練習しましたが、ここで改めてきちんと解説しておきます。

プロパティには、「設定」と「取得」という2つの役割があります。「プロパティの設定」とは、プロパティの値を変更してオブジェクトの状態を変えることです。60ページで紹介した文型1が、プロパティを設定するための書式です。

文型1 **オブジェクト.プロパティ ＝ 設定値**
プロパティの設定

次のコードは、「プロパティの設定」のコードです。これまでも何回か書く練習をしてきましたね。

文型1 Range("A1").Value = "VBA"
オブジェクト　　　プロパティ　　　設定値

意味 セルA1の値を「VBA」にする

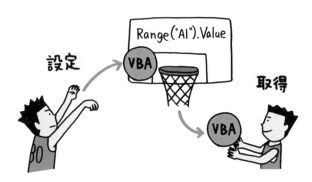

一方、「プロパティの取得」とは、文字通りプロパティの値を得ることです。取得方法は至って単純。オブジェクトとプロパティを「.」(ピリオド)で結ぶだけです。

> # オブジェクト.プロパティ
> プロパティの取得

「プロパティの取得」という表現だと何だかとても難しい処理に感じますが、要は「プロパティの値を使用したコードを書く」ということです。

次のコードはいずれもプロパティの値を使用したコードで、色字の箇所が「プロパティの取得」です。

```
'セルA1の値を取得して、アクティブシートの名前にする
ActiveSheet.Name = Range("A1").Value
'セルA1の値を取得して、メッセージボックスに表示する
MsgBox Range("A1").Value
```

この先のLESSONで紹介する「制御構造」の書き方を覚えると、「プロパティの取得」をいろいろな発展的な処理に活かせるよ!

セルの値を取得して、その数値の回数だけ行のコピーを繰り返す…

シート名を取得して、それが『バックアップ』だったらそのシートを削除する…

なお、プロパティの中には、取得しかできないものがあります。そのようなプロパティを「**読み取り専用プロパティ**」と言います。例えば、Worksheetsコレクションの要素数を表すCountプロパティです。

書式 コレクションの要素の数を求める

コレクション.Count

以下のように、プロパティの取得は問題なく行えます。

コード `MsgBox Worksheets.Count`

意味 ワークシートの数を取得して、メッセージボックスに表示する

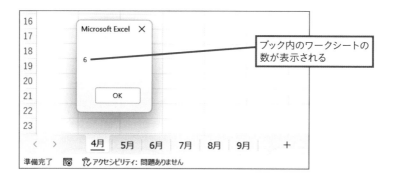

ブック内のワークシートの数が表示される

しかし、「Worksheets.Count = 3」のようなコードを書いても、決してワークシートの数は3枚になりません。それどころかエラーが発生してしまいます。**読み取り専用プロパティには設定を行えない**ので注意してください。

プロパティの中には、「引数」（ひきすう）と呼ばれるデータを必要とするものもあるんだ。LESSON17で紹介するよ！

3 フォントの設定対象はFontオブジェクト

83ページで紹介したオブジェクトの階層構造を思い出してください。Rangeオブジェクトの下に、「Font（文字書式）」「Interior（塗りつぶし）」「Borders（罫線）」というオブジェクトがありました。

●オブジェクトの階層構造

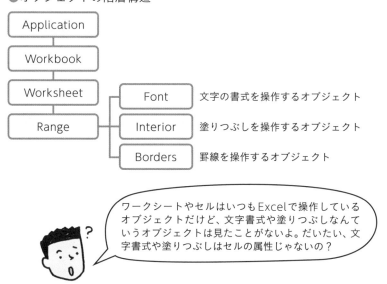

```
Application
Workbook
Worksheet
Range ─┬─ Font      文字の書式を操作するオブジェクト
       ├─ Interior  塗りつぶしを操作するオブジェクト
       └─ Borders   罫線を操作するオブジェクト
```

> ワークシートやセルはいつもExcelで操作しているオブジェクトだけど、文字書式や塗りつぶしなんていうオブジェクトは見たことがないよ。だいたい、文字書式や塗りつぶしはセルの属性じゃないの？

裕太くんがまた疑問を口にしています。無理もありません。普段Excelでフォントや塗りつぶしの設定をするとき、私たちは**"セル"の設定をするつもり**で操作していますからね。

でも、こんなふうに考えてください。セルには、値、表示形式、配置、フォント名、フォントサイズ……、と膨大な情報があります。その情報のうち、文字書式関連、塗りつぶし関連、罫線関連の情報が独立して、**それぞれひとまとめのオブジェクトになっている**、とイメージするのです。

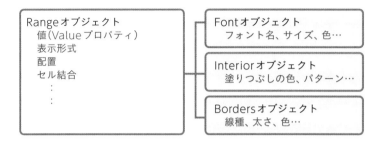

「Font」「Interior」「Borders」はそれぞれ**書式の情報を持つ「情報のか
たまり」**で、プロパティを使用してその情報を操作できる仕組みになっ
ています。VBAでは「**操作対象はすべてオブジェクト**」でしたね。「Font」
「Interior」「Borders」は立派なオブジェクトです。

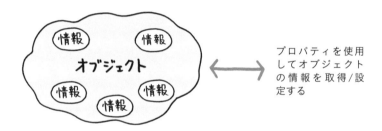

プロパティを使用
してオブジェクト
の情報を取得/設
定する

さて、ここからはFontオブジェクトに的を絞って解説していきます。
普段、Excelでフォントやフォントサイズの設定を行うとき、私たちは
"セル"に設定を行いますが、VBAでは"Fontオブジェクト"に対して設
定を行います。

セルA1のFontオブジェクトは「Range("A1").Font」、セルA1～C4
のFontオブジェクトは「Range("A1:C4").Font」のように記述します。

書式	Fontオブジェクトの取得

Range オブジェクト.Font

文字のサイズを例に、Fontオブジェクトの操作をしてみましょうか。文字のサイズは、FontオブジェクトのSizeプロパティで取得／設定します。そのまんまのプロパティ名ですね。設定値は、Excelの［ホーム］タブの［フォントサイズ］と同じ「ポイント」単位の数値です。

書式 文字のサイズを取得／設定するプロパティ

Fontオブジェクト.Size

次のコードを入力し、セルA1の文字のサイズを20ポイントにしましょう。

練習用ファイル ▶ 08-03-01.xlsm

コード

```
Range("A1").Font.Size = 20
```
　　　オブジェクト　　　　プロパティ　設定値

意味 セルA1の文字のサイズを「20」にする

このコードは、「RangeオブジェクトのFont.Sizeプロパティに20を設定する」と読めなくもないですが、実際にはFontオブジェクトのSizeプロパティに20を設定しています。**1つの文型に「.」（ピリオド）が複数含まれる場合、最後の「.」の前までがオブジェクト**でしたよね。「セルA1の文字」というオブジェクトの「サイズ」というプロパティに「20」を設定しているわけです。

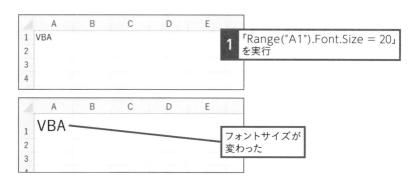

1 「Range("A1").Font.Size = 20」を実行

フォントサイズが変わった

SECTION
4 文字列、日付、定数…、設定値のいろいろ

ここでは、いくつかのプロパティを紹介しながら、プロパティのさまざまな設定方法を見ていきましょう。

●値の設定

おなじみのRangeオブジェクトの**Valueプロパティ**には、数値、文字列、日付などを設定できます。数値はそのまま記述し、文字列は「"」（ダブルクォーテーション）で、日付は、「#」（シャープ）で囲みます。なお、VBE上では日付を「#月/日/年#」の形式で指定しますが、セルには「年/月/日」の形式で表示されます。

書式 セルの値を取得/設定するプロパティ

Rangeオブジェクト.Value

コード
```
Range("A1").Value = "Excel"
```
意味 セルA1の値を「Excel」にする（文字列を設定）

コード
```
Range("A2").Value = 365
```
意味 セルA2の値を「365」にする（数値を設定）

コード
```
Range("A3").Value = #4/24/2024#
```
意味 セルA3の値を「2024/4/24」にする（日付を設定）

練習用ファイル ▶ 08-04-01_完成.xlsm

VBEで「#2024/4/24#」と入力すると、自動的に「#4/24/2024#」に変換されるから、いつも通り「#年/月/日#」で入力してもOKだよ！

●数式の設定 練習用ファイル ▶ 08-04-02.xlsm

セルに数式を入力するには、Valueプロパティではなく、**Formula プ
ロパティ**を使用します。

書式 セルの数式を取得／設定するプロパティ

Rangeオブジェクト.Formula

次のコードでは、セルE3～E5に「=SUM(B3:D3)」を入力します。数
式は「"」（ダブルクォーテーション）で囲んで指定します。

```
Range("E3:E5").Formula = "=SUM(B3:D3)"
```

複数のセルに同時に数式を入力すると、自動的に数式中のセル番号がず
れてくれます。

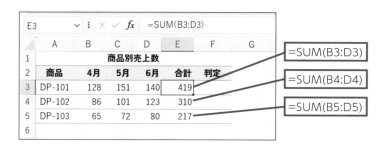

「"」（ダブルクォーテーション）を含む数式を入力したいときは、数式中
の「"」を2つ重ねて「""」と入力してください。次のコードでは、セルF3
～F5に「=IF(E3>=300,"OK","NG")」を入力します。

```
Range("F3:F5").Formula = "=If(E3>=300,""OK"",""NG"")"
```

第2章 オブジェクト・プロパティ・メソッドって何？

●組み込み定数の設定　　　　　　　　　　練習用ファイル ▶ 08-04-03.xlsm

決まった選択肢の中から値を設定するタイプのプロパティもあります。
例えば、横方向の文字配置を取得/設定する**HorizontalAlignmentプ**
ロパティです。

書式 セルの横方向の配置を取得/設定するプロパティ

Rangeオブジェクト.HorizontalAlignment

下表は、HorizontalAlignmentプロパティに設定できる値の例です。
「xlGeneral」「xlCenter」などの設定値は、「組み込み定数」と呼ばれま
す。

●HorizontalAlignmentプロパティの主な設定値

設定値	説明
xlGeneral	標準
xlLeft	左揃え
xlCenter	中央揃え
xlRight	右揃え
xlDistributed	均等割り付け

次のコードを実行すると、セルA2〜D2に中央揃えが設定されます。

コード
```
Range("A2:D2").HorizontalAlignment = xlCenter
```
意味 セルA2〜D2を中央揃えにする

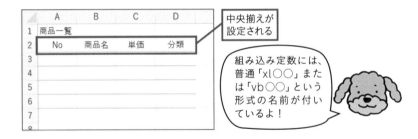

中央揃えが
設定される

組み込み定数には、
普通「xl○○」また
は「vb○○」という
形式の名前が付い
ているよ！

●論理値の設定　　　　　　　　　　　　　練習用ファイル ▶ 08-04-04.xlsm

セルの太字を取得 / 設定するプロパティは、Fontオブジェクトの**Bold
プロパティ**です。

> **書式**　太字を取得 / 設定するプロパティ
>
> # Fontオブジェクト.Bold

Boldプロパティは、「**太字にする**」または「**太字にしない（解除する）**」の
二者択一の設定値を取ります。

・**太字にする場合は**「Yes」「真」を意味する「True」**を設定**
・**太字にしない場合は**「No」「偽」を意味する「False」**を設定**

「True」「False」という二者択一の値を「論理値」と呼びます。それでは、
セルA1の文字を太字にするコードを書いてみましょう。

> **コード**
> ```
> Range("A1").Font.Bold = True
> ```
> **意味**　セルA1に太字を設定する

上のように書けましたか？　「True」の代わりに「False」と記述すると、
セルA1の太字を解除できます。

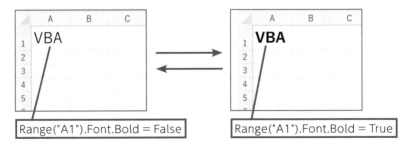

```
Range("A1").Font.Bold = False
```

```
Range("A1").Font.Bold = True
```

5 【マクロ作成】表の書式とシート名の設定

実際にマクロを作成して、LESSONの内容を復習しましょう。

▶作成するマクロ　　　練習用ファイル ▶ 08-05-01.xlsm

次の設定を行うマクロ[見出し設定]を作成してください。

・セルA1のフォントサイズを14ポイントにして、太字を設定する

・表の見出しのセルA3～C3に中央揃えを設定する

・シート名としてセルA1の値を設定する

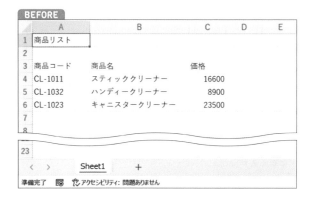

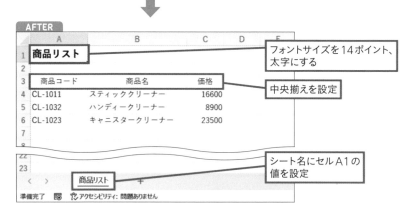

第2章 オブジェクト・プロパティ・メソッドって何？

HINT
- フォントサイズはSizeプロパティで設定します。
- 太字はBoldプロパティで設定します。
- 中央揃えはHorizontalAlignmentプロパティで設定します。
- シート名はNameプロパティで設定します。

▶コード

```
1  Sub_見出し設定()⏎
2  [Tab]Range("A1").Font.Size_=_14⏎
3  [Tab]Range("A1").Font.Bold_=_True⏎
4  [Tab]Range("A3:C3").HorizontalAlignment_=_xlCenter⏎
5  [Tab]ActiveSheet.Name_=_Range("A1").Value⏎
6  End_Sub⏎
```

1	マクロ[見出し設定]の開始
2	セルA1のフォントサイズを14ポイントにする
3	セルA1の文字を太字にする
4	セルA3〜C3の横方向の文字配置を中央揃えにする
5	アクティブシートの名前としてセルA1の値を設定する
6	マクロの終了

作成したマクロが無事に動作するとうれしいね！

このLESSONのポイント
- プロパティには取得と設定の働きがある。
- 取得の書式は「オブジェクト.プロパティ」。
- 設定の書式は「オブジェクト.プロパティ = 設定値」。
- フォント関連のプロパティの設定対象はFontオブジェクト。

メソッド
メソッドは
オブジェクトの "動作"

 ExcelのSUM関数の「引数（ひきすう）」を知っている？

 「＝SUM(A1:A5)」の「A1:A5」のことかな。合計の条件ってところだね。

 メソッドも同じ！ 動作の条件を「引数」で指定するんだよ。このLESSONで詳しく見ていこうね。

SECTION
1 メソッドでオブジェクトの動作を実行する

すでに解説してきたとおり、**メソッドはオブジェクトの動作のこと**です。例えば、RangeオブジェクトのSelectメソッドは、「セルを選択する」という動作を行うメソッドです。

> **書式** セルを選択するメソッド
>
> ## Rangeオブジェクト.Select

次のように記述すると、セルA1 ～ B3を選択できます。オブジェクトとメソッドを「.」（ピリオド）でつなげて記述することで、メソッドの動作を実行できるのです。

> **コード**
> ```
> Range("A1:B3").Select
> ```
> **意味** セルA1 ～ B3を選択する

第
2
章

オブジェクト・プロパティ・メソッドって何？

SECTION 2 メソッドの「引数」で動作条件を指定する

次に、もう少し複雑な書式を持つメソッドを見ていきましょう。
LESSON**06**で紹介したメソッドの文型を覚えていますか？

> **文型2** **オブジェクト.動作　動作条件**

文型2をきちんとした書式で表すと、次のようになります。

> **メソッドの実行1（名前付き引数）**
> **オブジェクト.メソッド 引数名1:=値1, 引数名2:=値2, …**

「**引数名1:=値1, 引数名2:=値2, …**」の部分が、**動作条件**を表します。
「引数」（ひきすう）というのは、動作条件となる項目のことです。引数の
数や種類は、メソッドによって異なります。また、引数には指定が必須
のものと、省略可能なものがあります。

具体例を見ながら引数の使い方を説明しましょう。ワークシートの印刷
を行うPrintOutメソッドは、省略可能な引数を9つ持ちます。9つの引
数をすべて省略した場合、標準では、すべてのページが1部ずつ印刷さ
れます。

> **コード**
> ```
> ActiveSheet.PrintOut
> ```
> **意味** アクティブシートを印刷する

下図は、PrintOutメソッドの9つの引数のうち、先頭から3つ分の引数の名前と役割を抜粋したものです。

PrintOutメソッドの引数

引数1：From（印刷の開始ページを指定）

引数2：To（印刷の終了ページを指定）

引数3：Copies（印刷部数を指定）

ワークシートに5ページ分の大きな表が作成されているとします。その表の2ページから4ページまでを印刷するには、引数Fromに「2」、引数Toに「4」を指定します。引数名と値を「:=」（コロンとイコール）でつなぎ、引数同士を「,」（コンマ）で区切ります。記号はいずれも半角文字です。

引数名と値を「:=」でつなぐ引数の指定方式を「名前付き引数」と呼びます。それに対して、もう1種類、引数の指定方式があります。「引数名:=」の記述を省略して、値だけを「,」（コンマ）で区切って記述する方式です。

メソッドの実行2（引数名の省略）
オブジェクト.メソッド 値1, 値2, …

2ページから4ページまでを印刷するコードを、引数名を省略する方式で記述すると、次のようになります。

> **コード**
> ```
> ActiveSheet.PrintOut 2, 4
> ```
> **意味** アクティブシートの2〜4ページを印刷する

「2, 4」のほうが入力がラクだけど、「From:=2, To:=4」のほうが意味がわかりやすいよ。部署のメンバーで共有するマクロを書くときは、「From…」の方式のほうがみんなで管理しやすいね！

さて、メソッドを実行する際に、前半の引数を省略して、引数3だけを指定したい、というケースがあります。そんなとき、前者（名前付き引数）の場合は、指定する引数だけを記述すればOKです。後者の場合は、指定するのが3番目の引数であることを示すために、その前に「,」（コンマ）を2つ入れます。

> **コード**
> ```
> ActiveSheet.PrintOut Copies:=10
> ```
> **意味** アクティブシートを10部印刷する（名前付き引数）
>
> **コード**
> ```
> ActiveSheet.PrintOut , , 10
> ```
> **意味** アクティブシートを10部印刷する（引数名の省略）

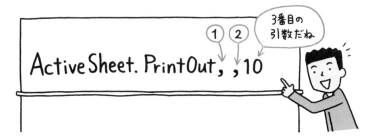

3 表を並べ替えてみよう

たくさんの引数を持つメソッドを使う練習をしてみましょう。

Rangeオブジェクトの Sort メソッドは、表の並べ替えを行うメソッド
です。主な引数は以下のとおりです。本書では、省略可能な引数名を「[ ]」
(角カッコ)で囲んで表記します。

書式 表の並べ替えを行うメソッド

Range オブジェクト. Sort ([Key1], [Order1], [Key2], [Type], [Order2], [Key3], [Order3], [Header])

あれ、『Rangeオブジェクト.Sort(……)』って、メソッドの
引数全体が丸カッコで囲まれているよ。でも、メソッドの
コードを書くときは、丸カッコを付けないよね?

そうなんです。一般にメソッドの書式は、引数が「( )」(丸カッコ)で囲
まれています。しかし、ある特定のケースを除いて、**引数を丸カッコで
囲む必要はありません**。"特定のケース"については、206ページで紹介
しますね。

ヘルプやコード入力時
に表示されるポップヒ
ントの書式では、引数
が丸カッコで囲まれて
いるけど、気にしなく
ていいよ!

話を引数に戻しましょう。並べ替えの基準が1項目だけの場合、使用す
る引数は「Key1」「Order1」「Header」の3種類です。

書式 1項目を基準に表を並べ替える

Rangeオブジェクト. Sort ([Key1], [Order1], , , , , , [Header])

●指定項目

Rangeオブジェクト：並べ替える表の任意の1つのセルを指定。表のセル範囲がきちんと自動認識されるように、先頭行の見出しのセルにデータ行とは異なる書式を設定しておくこと。また、表に隣接するセルを空白にしておくこと。

Key1：並べ替えの基準の列のセルを指定。

Order1：並べ替えの順序を下表「並べ替えの順序」の定数で指定。

Header：先頭行の扱い方を下表「先頭行の扱い方」の定数で指定。

●並べ替えの順序

定数	説明
xlAscending	昇順（小さい順、日付の古い順、五十音順）
xlDescending	降順（大きい順、日付の新しい順、五十音の逆順）

●先頭行の扱い方

定数	説明
xlYes	先頭行は見出しなので、2行目以降を並べ替える
xlNo	先頭行は見出しでないので、先頭行を含めて並べ替える
xlGuess	先頭行が見出しかどうかをExcelの判断に任せる

下図の商品リストを、単価の高い順に並べ替えてみましょう。

A B C D E F
1 商品リスト
2
3 No 商品名 分類 単価
4 1 事務机 机 ¥35,000
5 2 事務椅子 イス ¥12,000
6 3 ワゴン 収納 ¥8,500
7 4 会議机 机 ¥25,000
8 5 机上棚 収納 ¥9,800
9 6 ロッカー 収納 ¥43,000
10

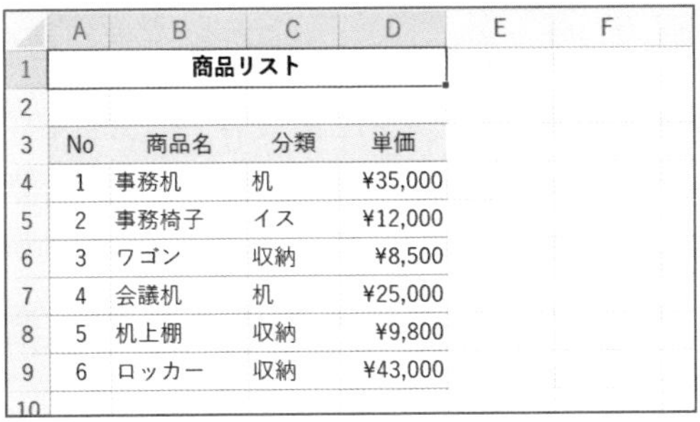

練習用ファイル ▶ 09-03-01.xlsm

指定する要素は次の4つです。

Rangeオブジェクト：表内のセル「Range("A3")」を指定。

Key1：「単価」のD列のセル「Range("D3")」を指定。

Order1：高い順に並べ替えるので定数「xlDescending」を指定。

Header：表の先頭行は見出しなので定数「xlYes」を指定。

以上をSortメソッドの書式に当てはめます。

ちなみに、「Key1とOrder1」「Key2とOrder2」「Key3とOrder3」を指定すると、並べ替えの基準の項目を優先順位の高い順に3組指定できます。興味のある人はトライしてみてください。

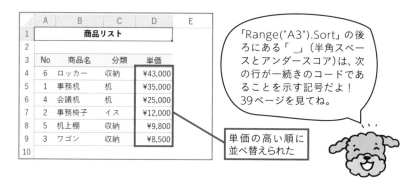

SECTION

4 データを抽出してみよう

第2章 オブジェクト・プロパティ・メソッドって何？

もう1つ、業務に役立つメソッドを紹介します。Rangeオブジェクトの**AutoFilterメソッド**です。このメソッドを使用すると、表から条件に合うデータを抽出できます。

書式 データの抽出を行うメソッド

Rangeオブジェクト.AutoFilter([Field], [Criteria1], [Operator], [Criteria2])

●指定項目

Rangeオブジェクト：抽出する表の任意の1つのセルを指定。表のセル範囲がきちんと自動認識されるように、先頭行の見出しのセルにデータ行とは異なる書式を設定しておくこと。また、表に隣接するセルを空白にしておくこと。

Field：条件を指定する列を、表の左から1、2、3と数えた番号で指定。

Criteria1：抽出条件を指定。

Operator：抽出条件の種類を下表「抽出条件の種類」の定数で指定。

Criteria2：2つ目の抽出条件を指定。

●抽出条件の種類（抜粋）

定数	説明
xlAnd	「Criteria1かつCriteria2」を満たすデータを抽出
xlOr	「Criteria1またはCriteria2」を満たすデータを抽出

名前付き引数の引数名を小文字で入力したときに、大文字に自動変換されないことがあるよ。

小文字のままでも実行に差し支えないよ。気になるようなら、引数名は自分で大文字／小文字を入力し分けてね。

今回、データの抽出対象となる表には下図の項目があります。

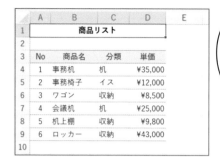

「AutoFilter」は、Excelの[データ]タブにある[フィルター]の機能を実行するメソッドだよ。

手始めに、分類が「収納」の商品データを抽出してみましょう。指定する要素は以下のとおりです。

 練習用ファイル ▶ 09-04-01.xlsm

Rangeオブジェクト：表内のセル「Range("A3")」を指定。
Field：「分類」欄は表の3列目にあるので「3」を指定。
Criteria1：抽出条件である「"収納"」を指定。

これをAutoFilterメソッドの書式に当てはめてコードを書きます。

コード
```
Range("A3").AutoFilter Field:=3, Criteria1:="収納"
```
セルA3を含む表を　　抽出する　　抽出列は3列目　　抽出条件は「収納」

意味 セルA3を含む表の3列目が「収納」であるデータを抽出する

このコードを実行すると、先頭行にフィルターボタン（▼）が表示され、抽出が行われます。抽出対象の列のフィルターボタンは絵柄が▼になります。

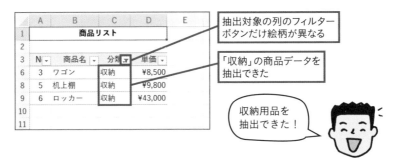

次に、分類が「机」または「イス」の商品データを抽出してみましょう。抽出条件が2つある場合は、2つ目の条件の種類を引数Operatorと引数Criteria2で指定します。

練習用ファイル ▶ 09-04-02.xlsm

Rangeオブジェクト：表内のセル「Range("A3")」を指定。
Field：「分類」欄は表の3列目にあるので「3」を指定。
Criteria1：1つ目の抽出条件である「"机"」を指定。
Operator：「または」という条件なので「xlOr」を指定。
Criteria2：2つ目の抽出条件である「"イス"」を指定。

これをAutoFilterメソッドの書式に当てはめてコードを書きます。

コード
```
Range("A3").AutoFilter Field:=3, _
Criteria1:="机", Operator:=xlOr, Criteria2:="イス"
```
セルA3を含む表を　抽出する　抽出列は3列目
抽出条件は「机」　または　抽出条件は「イス」

意味 セルA3を含む表の3列目が「机」または「イス」のデータを抽出する

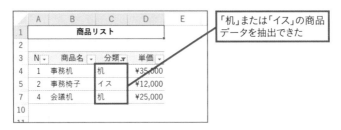

「机」または「イス」の商品
データを抽出できた

抽出を解除して、フィルターボタンを非表示にするには、Worksheet
オブジェクトのAutoFilterModeプロパティに「False」を設定します。

練習用ファイル ▶ 09-04-03.xlsm

コード

```
ActiveSheet.AutoFilterMode = False
```

意味 フィルターを解除する

SECTION

5 【マクロ作成】顧客情報の抽出と並べ替え

実際にマクロを作成して、LESSONの内容を復習しましょう。

▶ 作成するマクロ

練習用ファイル ▶ 09-05-01.xlsm

「BEFORE」の表を購入額の大きい順に並べ替え、「ランク」列からセル
C2の値を抽出するマクロ[抽出]を作成してください。

さらに、抽出を解除し、元の「No」順に並べ替えるマクロ[解除]も作成
して、それぞれのマクロを[抽出]ボタンと[解除]ボタンに割り当ててく
ださい。

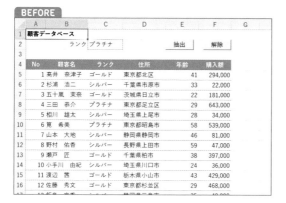

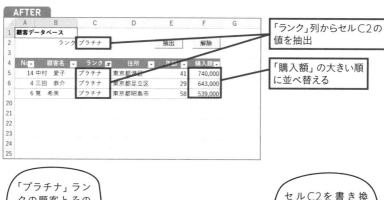

「ランク」列からセルC2の値を抽出

「購入額」の大きい順に並べ替える

「プラチナ」ランクの顧客とその購入実績が一目でわかる！

セルC2を書き換えれば、「ゴールド」や「シルバー」の顧客分析もできるよ！

💡 **HINT**

- 抽出を実行するにはAutoFilterメソッドを使用します。
- セルの値を抽出条件とする場合は、そのセルのValueプロパティを取得して、AutoFilterメソッドの引数に指定します。
- 抽出を解除するにはAutoFilterModeプロパティを使用します。
- 並べ替えを実行するにはSortメソッドを使用します。

▶コード

1	Sub␣抽出()↵
2	[Tab]Range("A4").Sort␣Key1:=Range("F4"),␣␣[折り返し]
	[Tab][Tab]Order1:=xlDescending,␣Header:=xlYes↵
3	[Tab]Range("A4").AutoFilter␣␣[折り返し]
	[Tab][Tab]Field:=3,␣Criteria1:=Range("C2").Value↵
4	End␣Sub↵

1	マクロ[抽出]の開始
2	セルA4を含む表を先頭行を見出しとして、F列を基準に降順で並べ替える
3	セルA4を含む表の3列目から、セルC2の値を抽出する
4	マクロの終了

1	Sub␣解除()↵
2	[Tab]ActiveSheet.AutoFilterMode␣=␣False↵
3	[Tab]Range("A4").Sort␣Key1:=Range("A4"),␣␣[折り返し]
	[Tab][Tab]Order1:=xlAscending,␣Header:=xlYes↵
4	End␣Sub↵

1	マクロ[解除]の開始
2	アクティブシートの抽出を解除する
3	セルA4を含む表を先頭行を見出しとして、A列を基準に昇順で並べ替える
4	マクロの終了

マクロ[抽出]の3行目のコードでは、セルC2の値を取得して、AutoFilterメソッドの引数Criteria1に渡しています。ワークシートでセルC2の値を入力し直せば、抽出条件を簡単に変えられます。

> **このLESSONのポイント**
> - メソッドの動作条件は引数で指定する。
> - メソッドの引数の指定方式は次の2種類ある。
>   - オブジェクト.メソッド 引数名1:=値1, 引数名2:=値2, …
>   - オブジェクト.メソッド 値1, 値2, …

STEP UP!

いろいろな抽出条件

AutoFilterメソッドの抽出条件には、「=」「>」「>=」などの比較演算子やワイルドカードを使用できます。ワイルドカードには、0文字以上の任意の文字列を表す「*」(アスタリスク)と、任意の1文字を表す「?」(疑問符)があります。いずれもExcelでよく使われる記号ですが、なじみのない人は下表を参考にしてください。

●数値の抽出条件　　　　　　　　　　　　　　練習用ファイル ▶ 09-05-02.xlsm

例	説明	例	説明
"=100"	100に等しい	">=100"	100以上
"<>100"	100に等しくない	"<100"	100より小さい
">100"	100より大きい	"<=100"	100以下

コード
```
Range("A4").AutoFilter Field:=5, _ [折り返し]
  Criteria1:=">=30",Operator:=xlAnd, Criteria2:="<40"
```
意味 5列目から30以上40未満のデータを抽出する

●文字列の抽出条件　　　　　　　　　　　　　練習用ファイル ▶ 09-05-03.xlsm

例	説明	抽出されるデータの例
"*山*"	「山」を含む	山、白山、富士山、山岳、山登り、登山口
"山*"	「山」で始まる	山、山岳、山登り
"*山"	「山」で終わる	山、白山、富士山
"??山"	2文字+「山」	富士山
"山?"	「山」+1文字	山岳
"<>山"	「山」以外の	川、信濃川

コード
```
Range("A4").AutoFilter Field:=4, Criteria1:="東京都*"
```
意味 4列目から「東京都」で始まるデータを抽出する

LESSON 10 · Copilot
WindowsのAI機能 Copilotを開始する

 文型1と文型2をマスターしたし、あとはネットでVBAの単語を検索して文型に当てはめればいいんだね。

 検索もいいけど「AI」を利用する手もあるよ。Windowsには「Copilot（コパイロット）」っていう無料のAIが搭載されていて、いろいろ相談できるんだ。

 小さいパイロット？？？

SECTION 1 Copilotって何？

プー助の言う「Copilot」とは、Windows 11に搭載されたAIの機能です。ネット検索では「VBA　色の設定」などと単語を並べて検索しますが、Copilotでは会話文で質問や命令を行います。この質問や命令のことを「プロンプト」と呼びます。ネット検索が「調べる」だとしたら、Copilotは「教えてもらう」という感覚です。VBAの単語や文法を聞いたり、コードを書いてもらったり、エラーの修正方法をアドバイスしてもらったりできます。

SECTION

2 Copilotを起動して質問する

実際にCopilotを使用しながら、操作を覚えていきましょう。ここでは
「こんばんは」というメッセージボックスを表示する「夜の挨拶」というマ
クロをCopilotに作成してもらいます。なお、Copilotはその都度
Webから情報を収集して回答を作成するため、みなさんが同じ質問を
しても本書と同じ回答が返されるとは限りません。

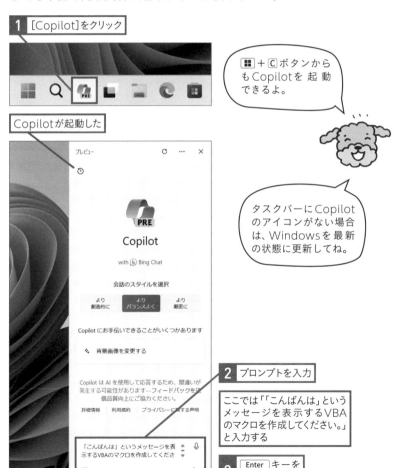

1 [Copilot]をクリック

⊞ + Ⓒ ボタンから
も Copilotを 起 動
できるよ。

Copilotが起動した

タスクバーにCopilot
のアイコンがない場合
は、Windowsを最新
の状態に更新してね。

2 プロンプトを入力

ここでは「「こんばんは」という
メッセージを表示するVBA
のマクロを作成してください。」
と入力する

3 Enter キーを
押す

119

しばらく待つと回答が
表示される

同じ質問をしても
回答の文言が異な
る場合があるね。

Copilotがマクロを作成してくれましたね。1つのトピック（話題）に対
して続けて30個まで質問できるので、続きの質問を入力してみましょ
う。ここでは、マクロ名を「夜の挨拶」に変更してもらいます。

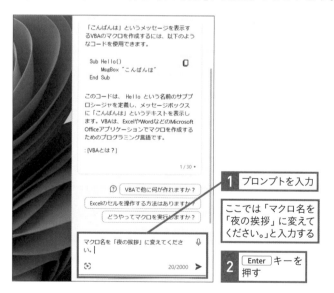

1 プロンプトを入力

ここでは「マクロ名を
「夜の挨拶」に変えて
ください。」と入力する

2 Enter キーを
押す

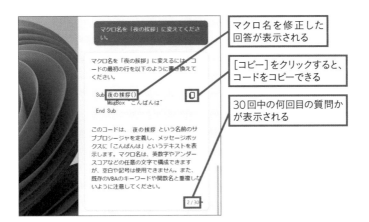

マクロ名を修正した
回答が表示される

[コピー]をクリックすると、
コードをコピーできる

30回中の何回目の質問か
が表示される

マクロ名が「夜の挨拶」に変わりました。それでは実際に動作を確認してみましょう。Copilotが作成したマクロの右上にある［コピー］をクリックすると、コードがコピーされます。新規ブックに標準モジュールを挿入し、Ctrl + V キーを押してコードを貼り付けます。あとはいつも通りに実行してください。

```
コード
Sub 夜の挨拶
    MsgBox "こんばんは"
End Sub
```

練習用ファイル ▶ 10-02-01_完成.xlsm

続けて質問すると、前の質問を加味したうえで回答が返されます。話題を変えたいときは、［新しいトピック］をクリックすると、前の質問をクリアして白紙の状態から会話を始められます。［新しいトピック］は、Copilotの背景をクリックすると表示できます。

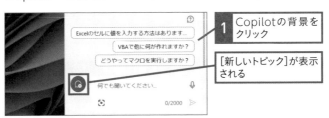

1 Copilotの背景を
クリック

[新しいトピック]が表示
される

3 セルに色を付けるコードを教えてもらう

次に、より実践的な質問をしてみます。セルをスカイブルーの色で塗り
つぶすコードを教えてもらいましょう。漠然と「青」と言うより、「スカイ
ブルー」「ネイビー」のように具体的な色のイメージを示したほうが、実
のある回答を得られます。

●プロンプト

セルをスカイブルーで塗りつぶすVBAのコードを教えてください。

●Copilotの回答例

以下のコードを使用すると、スカイブルーでセルを塗りつぶすことができます。

```
Range("A1").Interior.Color = RGB(135, 206, 235)
```

このコードでは、「Range("A1")」の部分を塗りつぶしたいセルの範囲に変更してく
ださい。また、「RGB(135, 206, 235)」の部分をスカイブルーに対応するRGB値
に変更してください。スカイブルーのRGB値は「(135, 206, 235)」です。

1/30

Copilotが提案してくれたコードを実行してみましょう。

コード

```
Range("A1").Interior . Color = RGB(135, 206, 235)
```
     オブジェクト   プロパティ   設定値

意味 セルA1の塗りつぶしの色をスカイブルーにする

練習用ファイル ▶ 10-03-01_完成.xlsm

セルA1が
スカイブルー
になった！

「Range("A1").Interior」はセルA1の塗りつぶしを操作するInterior
オブジェクトで、「Color」は塗りつぶしの色を取得／設定するプロパ
ティです。また、「RGB(135, 206, 235)」はスカイブルーを表す設定値で、
「RGB値」と呼ばれます。

そもそも「RGB」とは、光の三原色であるRed、Green、Blueのことです。
「RGB値」では、それら3色の成分をそれぞれ「0〜255」の範囲で指定し
て色を表現します。3色の数値が256通りずつあるので、セルに設定で
きる色は「256 × 256 × 256 = 16,777,216」通りになります。

●RGB値の例

赤R	緑G	青B	色
255	255	255	⬜ 白
255	0	255	明るい紫
255	0	0	赤
0	0	255	青
0	0	128	ネイビー
0	0	0	黒

3色全部重ねると白になる

赤Rの光と青Bの光を重ねると
明るい紫になる

赤Rと緑Gが0のまま青Bを
255から0まで変化させると、
色は青から徐々に黒に変わる

1色も光がないと黒になる

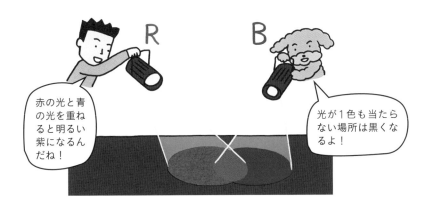

赤の光と青の光を重ねると明るい紫になるんだね！

光が1色も当たらない場所は黒くなるよ！

ちなみに、RGB値は「R＋G×256＋B×256×256」を計算した数値で表すこともできます。スカイブルーのRGB値は「135＋206×256＋235×256×256＝15453831」なので、Colorプロパティに「15453831」を設定してもスカイブルーで塗りつぶせます。

さて、話をCopilotに戻します。スカイブルーの色がイメージに合わない場合は、いくつか色を提示してもらうといいでしょう。「表にまとめて」と注文すると、表形式で見やすく回答してくれます。質問文を改行したいときは、 Shift ＋ Enter キーを押してください。

●プロンプト

VBAで、スカイブルーに近い色をセルに設定したいです。
色名とRGB値を表にまとめて10種類紹介してください。

●Copilotの回答例

もちろんです！以下に、スカイブルーに近い色の10種類を表にまとめました。それぞれの色名とRGB値をご参照ください。

色名	RGB値
深いスカイブルー	RGB(0, 191, 255)
明るい水色	RGB(135, 206, 235)
ロイヤルブルー	RGB(65, 105, 225)
………………	（中略）………………
パウダーブルー	RGB(176, 224, 230)
スカイブルー	RGB(135, 206, 235)

これらの色は、VBAで使用する際に便利です。お好みの色を選んでお使いください！

2/30

いかがですか？　Copilotの知識と言語能力に驚かれたのではないでしょうか。

Copilotがコードを書いてくれるなら、人間が
VBAの勉強をする必要ないんじゃない？

第2章 オブジェクト・プロパティ・メソッドって何？

裕太くん、そんなことはありません！ Copilotもときには間違った回答や言葉足らずな回答をすることがあります。そんなとき裕太くんにVBAの知識がないと、コードを修正したり、応用したりすることができません。Copilotを優秀なアシスタントとして使いこなすには、ユーザー側にもスキルが必要なのです。なお、Copilotが書いたマクロを実行するときは、万が一に備えてファイルをバックアップしておいてください。本書では以下のページにCopilotの実用例を紹介するので、質問の仕方の参考にしてください。

・Copilotに変数名を相談する・・・・・・138ページ
・どの関数を使用すればいいかCopilotに相談する・・・・・・155ページ
・Copilotに条件分岐の書き方を質問する・・・・・・177ページ
・Copilotにコードの意味を教えてもらう・・・・・・227ページ
・Copilotにマクロを書いてもらおう・・・・・・286ページ
・Copilotにエラーの原因を相談する・・・・・・294ページ

 STEP UP!

Windowsを更新する

Windows 11を最新の状態に更新しないと、タスクバーにCopilotのアイコンが表示されない場合があります。Windowsを更新するには、［スタート］メニューから［設定］をクリックします。表示される［設定］画面の左側から［Windows Update］をクリックし、右側の［更新プログラムのチェック］をクリックすると、更新プログラムをダウンロードしてWindowsを更新できます。

EPILOGUE

 「プー助．犬種 ＝ チワワ」。どう？　プー助のプロパティを設定してみたよ！

 ブブーッ！　犬種の変更はできないから、「犬種」プロパティは読み取り専用。読み取り専用のプロパティに設定を行うのは、エラーだよ！

プー助．犬種 ＝
チワワ

コンパイルエラー

「犬種」は読み取り専用だから、ボクはチワワになれないよ！

 そっか。じゃあ、これならどう？　「プー助．毛の長さ ＝ 10mm」

 ボクの毛の長さだね？　それなら設定可能。

 じゃあ、さっそくこのコードを実行しようか？

 うん、そろそろさっぱりしたいと思っていたんだ。裕太くん、バリカンよろしく！

 OK。「裕太．持つ バリカン」

 「持つ」がメソッドで、「バリカン」が引数。思考がすっかりVBAだね♪

変数を使って
計算してみよう

箱 = ボール

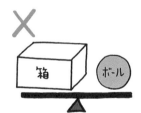

箱にボールを入れる　　　　　箱とボールは等しい

PROLOGUE

「オブジェクト.プロパティ ＝ 設定値」「オブジェクト.メソッド 引数」たった2つしかない文型をしっかり覚えたし、これでバッチリVBAをマスターできたね！

ちょっと、待った！　「ワークシートの名前を設定する」とか「セルのデータを消去する」みたいに、"Excelの機能を実行するための"文型が2種類なんだよ。

オーマイガー！　そうだった。確かにプー助はそう言っていたね。それじゃあ、まだ勉強することがあるんだね？

うん。VBAは、Excelを操作するためのプログラミング言語だから、プロパティやメソッドの役割は重要だ。でも、より複雑な処理をより効率よく実行するには、「変数」「関数」「制御構造」といった仕組みを知る必要がある。

「変数」「関数」「制御構造」？

そうだよ。まずは、「変数」と「関数」を理解しよう！
「制御構造」は次の第4章で解説するよ。

LESSON 11 変数

変数を使ってみよう

 先週、グルメ番組で紹介していたお店をメモしたんだけど、どこにメモしたのかわからなくなっちゃった。

 VBAにも、情報をメモしておく機能があるよ。データを入れておく箱「変数」さ。変数は箱の名前を定義してから情報を入れるから、いつでもその名前で箱から情報を取り出せるよ!

 お店はあきらめて、変数の勉強でもするか、トホホ。

SECTION 1 変数を宣言して値を代入する

「変数」とは、あとで使うデータを入れておくための箱です。VBAでは通常、変数の箱にわかりやすい名前を定義してから、その箱にデータを入れます。事前に定義しておくことで、「どこにメモしたのかわからない」なんていう事態に陥ることなく、いつでもその名前で箱からデータを取り出せます。

変数の名前を定義することを「**変数宣言**」、変数にデータを入れることを「**値の代入**」と言います。変数を宣言するには、「Dim」に続けて変数名を記述します。このコードを「**Dimステートメント**」と呼びます。変数に値を代入するには、変数名に続いて「**=**」(**イコール**)と値を記述します。

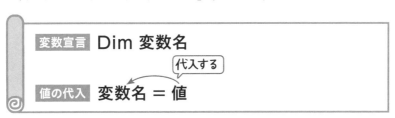

例えば、「来客数」という名前の変数を宣言して、「12」という値を代入するには、次のように記述します。

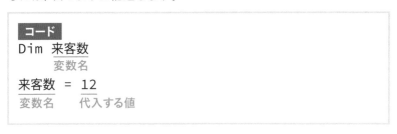

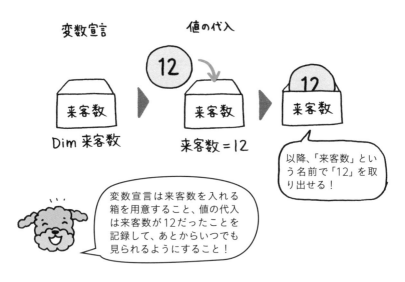

以降、「来客数」という名前で「12」を取り出せる!

変数宣言は来客数を入れる箱を用意すること、値の代入は来客数が12だったことを記録して、あとからいつでも見られるようにすること!

ところで「オブジェクト.プロパティ ＝ 値」を習ったときから思っていたんだけど、「＝」って普通は等しいという意味じゃないの？

 いい質問だね。ここでの「＝」は等号ではなく「代入演算子」なんだ。

プロパティの書式や変数の代入で使われる「＝」は、「代入演算子」と呼ばれる演算子で、等号ではありません。「演算子」とは、式に使用する記号のことです。数学では「左辺 ＝ 右辺」と書くと、「左辺と右辺は等しい」という意味になります。しかし、代入演算子は「左辺に右辺を代入する」という意味なので、この機会にしっかり覚えてくださいね。

```
コード
来客数 ＝ 12
```

というコードは変数［来客数］に「12」を代入するという意味です。変数［来客数］と「12」が等しいという意味ではありません。

下の図を見てください。「箱 ＝ ボール」は、「箱にボールを入れる」という意味ですよね？　決して「箱とボールは等しい」という意味ではないはずです！

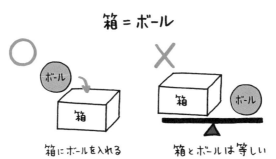

箱にボールを入れる　　箱とボールは等しい

変数名の付け方はマクロ名と同じで、以下のルールがあります。

●変数名の命名規則
・使える文字は、英数字、漢字、ひらがな、カタカナ、アンダースコア「_」
・名前の先頭に数字と「_」を使えない
・VBAの予約語（ステートメントや関数の名前など）は使えない

命名規則と言っても、あまり堅苦しく考えなくて大丈夫。間違った名前を付けたとしてもエラーで知らせてくれるから、修正すれば○Kさ！

変数名は、日本語入力モードの切り替えが不要な英数字で付けたいところです。しかし、初心者の場合、コードの中の変数名がVBAの用語に見えてしまい、変数名との区別が付きにくいという難点があります。そこで本書では、変数名に日本語を使うことにします。

STEP UP!

日本語の変数名の便利な入力法

日本語の変数名の前に「my」のような英字を付けて宣言し、以下のように操作すると、変数名をリストから選べるようになります。日本語入力モードを切り替えずに済みます。

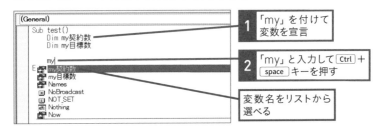

1 「my」を付けて変数を宣言

2 「my」と入力して Ctrl + space キーを押す

変数名をリストから選べる

SECTION
2 変数宣言で"データ型"を指定する

変数を宣言するときに、中に入れるデータの種類を一緒に定義できます。
定義することで、次のようなメリットがあります。

・データの種類があらかじめわかっているので処理速度が上がる。
**・変数におかしな値が代入されたときに、エラーメッセージで知らせて
くれるので、不正に処理が進行してしまう事態を防げる。**

データの種類のことを「データ型」と言います。データ型を指定するには、
Dimステートメントの末尾に「As データ型」を記述します。

> **書式** データ型を指定して変数を宣言する
>
> # Dim 変数名 As データ型

●主なデータ型

データ型	名称	説明
Integer	整数型	-32,768 ～ 32,767の整数
Long	長整数型	-2,147,483,648 ～ 2,147,483,647の整数
Single	単精度浮動小数点数型	負の値: -3.402823E38 ～ -1.401298E-45 正の値: 1.401298E-45 ～ 3.402823E38
Double	倍精度浮動小数点数型	負の値: -1.79769313486231E308 ～ -4.94065645841247E-324 正の値: 4.94065645841247E-324 ～ 1.79769313486232E308
Currency	通貨型	整数15桁、小数4桁の固定小数点数 -922,337,203,685,477.5808 ～ 922,337,203,685,477.5807
Date	日付型	西暦100年1月1日 ～ 西暦9999年12月31日の日付と時刻
String	文字列型	文字列
Boolean	ブール型	True または False
Variant	バリアント型	すべての値やオブジェクト

※「E38」や「E-45」は10の指数を表します。「E38」は「10の38乗」です。

数値用のデータ型が複数あるので、どのデータ型を指定すればいいのか迷うことと思います。**整数なら「Long型」、小数部分がある数値なら「Double型」を選ぶ**のが一般的です。また、金額や消費税率は計算誤差の出にくい仕組みの「Currency型」、計算に使わない数字の並びは「String型」を使うとよいでしょう。

数値データ			
Long型 整数 123個 1,500行	Double型 実数(小数) 26.4℃ 89%	Currency型 金額関係 ¥1,234 消費税率8%	String型 数字の並び 内線番号 伝票番号

なお、入れるデータの種類が定まらない場合は、**あらゆるデータを入れられるバリアント型**を選びます。単に「Dim 変数名」とするか「Dim 変数名 As Variant」とすると、変数はバリアント型になります。ただし、バリアント型は何でも入れられるため、使い方を誤ると誤動作の原因にもなります。できれば、データに合った適切なデータ型を指定しましょう。

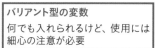

バリアント型の変数
何でも入れられるけど、使用には
細心の注意が必要

```
コード
Dim 変数名
Dim 変数名 As Variant
Dim 変数名 As Long
```

Long型の変数
整数しか入れられないけど、整数に
特化している分、処理速度が速い!

それでは、練習です。「来客数」という名前のLong型（長整数型）の変数を
宣言して、セルB3の値を代入してください。さらに、変数の値をメッ
セージボックスに表示してみてください。セルB3の値には
「Range("B3").Value」、メッセージボックスの表示には「MsgBox」を
使うんですよ。

練習用ファイル ▶ 11-02-01.xlsm

第3章
変数を使って計算してみよう

コード

```
Dim 来客数 As Long
```

意味 「来客数」という名前の長整数型の変数を宣言

コード

```
来客数 = Range("B3").Value
```

意味 変数［来客数］にセルB3の値を代入

コード

```
MsgBox 来客数
```

意味 メッセージボックスに変数［来客数］の値を表示

3行もコードを書いたけど、そんな面倒なことしなくても、
「MsgBox Range("B3").Value」でいいんじゃない？

いやいや、「MsgBox Range("B3").Value」より「MsgBox 来
客数」のほうが、コードの意図が伝わりやすいよね？　変数名
から処理内容が想像しやすくなるのも、変数のメリットだよ。

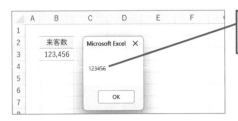

セルB3の値を変数に入れ、
その変数の値がメッセージ
ボックスに表示された

変数名から処理内容が想像しやすくなるのも、変数のメリットです。複
雑なマクロを組むようになると、このメリットが活きてきますよ！

定数と組み込み定数

VBAには、変数のほかに「定数」(ていすう) という仕組みもあります。**定数は、コードの中で変化しない特定の値に名前を付けたもの**です。定数を使用するには、以下のように記述します。

<pre>
コード
Const 定数名 As データ型 = 値
</pre>

例えば、「定員」という名前のLong型の定数に「100」という値を設定するには「Const 定員 As Long = 100」と記述します。変数はマクロの中で何回でも値を代入し直せますが、定数は値が変更できません。途中で値を変更しない場合、本来は定数を使います。とは言っても、最初のうちは変数を使っていれば間に合います。本書でも自分で定義する定数は使いません。

ただし、**「組み込み定数」がVBAにあらかじめ用意されている定数**であることは知っておいてください。例えば、セルに中央揃えを設定するためのHorizontalAlignmentプロパティの設定値は「-4108」です。しかし、この数値を覚えるのは大変ですよね。「-4108」には「xlCenter」という定数名が付いているので、「-4108」の代わりに組み込み定数「xlCenter」を使用できます。

<pre>
コード
Range("A1").HorizontalAlignment = -4108
Range("A2").HorizontalAlignment = xlCenter
</pre>

上記はいずれもセルを中央揃えにするコードですが、どちらがわかりやすいコードか、一目瞭然ですね。

SECTION
3 変数の入力ミスや宣言忘れを防ぐには

実は、変数は宣言をしなくても使えます。しかし、変数を宣言した方が便利なことがあります。次のコードを見てください。文字列型の変数に「裕太」を代入して、それをメッセージボックスに表示しようとしているのですが…。メッセージボックスには何も表示されません。

```
コード Dim myName As String
      myName = "裕太"
      MsgBox myNamae
```

何も表示されない

よく見ると「MsgBox myNamae」の変数名のつづりが間違っています。それが、メッセージボックスに何も表示されない原因です。

このようなミスを防ぐには、「宣言しなければ変数を使えない」ようにするのが有効です。それには、モジュールの先頭に「Option Explicit」と入力します。すると、宣言を行っていない変数にエラーを表示してくれるようになり、**入力ミスに気付く**きっかけになります。

1 「Option Explicit」と入力

宣言されていない変数は使用できなくなる

137

書式	変数の宣言を強制する

Option Explicit

「Option Explicit」を、自動入力されるように設定することもできます。
VBEの[ツール]メニューの[オプション]をクリックすると、下図のような設定画面が開きます。[編集]タブの[コードの設定]欄にある**[変数の宣言を強制する]**にチェックを入れると、それ以降、新しいモジュールに最初から「Option Explicit」が自動で入力されます。

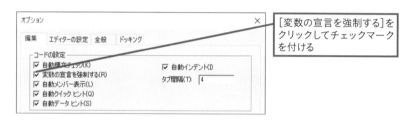

[変数の宣言を強制する]を
クリックしてチェックマーク
を付ける

STEP UP!

Copilotに変数名を相談する

本書では変数名に日本語を使いますが、実際の現場では英数字を使うことがほとんどです。しかし、いざ命名しようとしたときに迷ってしまうことがあります。そんなときはCopilotに相談するといいでしょう。以下のように質問すると、「itemName」「unitPrice」「itemCount」などの回答が得られます。

●プロンプト

> VBAでマクロを作成します。
> 次のデータを格納する英字表記の変数名を考えてください。
> ・商品名、短いテキスト
> ・単価、通貨型
> ・数量、Long型

SECTION

4 算術演算子と文字列連結演算子

変数の値を計算に利用することも多いので、ここで「演算子」（えんざんし）についてまとめておきます。**演算子とは、計算に使用する記号のこと**です。足し算、引き算など、**数値計算に使う「算術演算子」**は次表のとおりです。

●算術演算子

演算子	説明	使用例	結果	優先順位
^	べき乗	5 ^ 2	25（5の2乗）	1
*	乗算	5 * 2	10	2
/	除算	5 / 2	2.5	2
¥	整数商	5 ¥ 2	2（除算の商の整数部分）	3
Mod	剰余	5 Mod 2	1（除算の余り）	4
+	加算	5 + 2	7	5
-	減算	5 - 2	3	5

式の中に複数の演算子がある場合、表の「優先順位」にしたがって計算が行われます。一般的な計算と同様に、「( )」で囲むことで優先順位を上げられます。

1 + 2 * 3
→「2 * 3」が先に計算されて結果は「7」

(1 + 2) * 3
→「1 + 2」が先に計算されて結果は「9」

算数のルールと同じだね！

文字列と文字列をつなぐための文字列演算子「&」も用意されています。
「&」演算子を数値に使用した場合、数値は文字列として連結されます。

●文字列連結演算子

演算子	説明	使用例	結果
&	文字列連結	"Excel" & "VBA"	"ExcelVBA"
		"Excel" & 2019	"Excel2019"
		2019 & 1117	"20191117"

では、問題です。セルC2に「150」、セルC3に「300」が入力されている
とします。その状態で以下のコードを実行すると、どのようなメッセー
ジ文が表示されるか考えてみてください。　練習用ファイル ▶ 11-04-01.xlsm

```
コード  Dim 頁数 As Long
       Dim 部数 As Long
       頁数 = Range("C2").Value
       部数 = Range("C3").Value
       MsgBox "枚数: " & 頁数 * 部数
```

変数[頁数]に「150」、変数[部数]に「300」が代入され、「枚数:　」という
文字列と「頁数×部数」の計算結果が連結されて、メッセージボックスに
「枚数:　45000」が表示されます。

「枚数:　45000」
と表示された

STEP UP!

計算とデータ型の関係に注意！

前ページのコードでは、変数［頁数］と変数［部数］のデータ型を
「Long」にしています。代入されるのが32,767以下の数値なら
「Integer」でもよさそうに思えます。試しに、「Long」を
「Integer」に変えて実行してみてください。

```
コード Dim 頁数 As Integer
     Dim 部数 As Integer
     頁数 = Range("C2").Value
     部数 = Range("C3").Value
     MsgBox "枚数： " & 頁数 * 部数
```

おっと、エラーが発生してしまいましたね。［終了］ボタンをクリッ
クして、実行を中止してください。

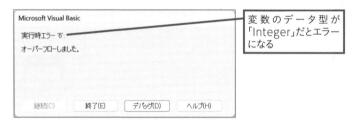

変数のデータ型が
「Integer」だとエラー
になる

「Integer」同士の掛け算をする場合、**結果が「Integer」の範囲
を超えてしまうと「オーバーフロー」というエラーが発生**してしま
うのです。「Integer」だと、「150×300」のような簡単な計算
もできないんですね。こうしたトラブルを避けるために、初心者の
うちは整数の変数に「Long」を使うことをお勧めします。

SECTION

5 【マクロ作成】良品数の割合を計算する

実際にマクロを作成して、LESSONの内容を復習しましょう。

▶作成するマクロ

練習用ファイル ▶ 11-05-01.xlsm

「良品数（セルB3の値）÷製造数（セルB4の値）」の計算をして、その計算
結果を「AFTER」のようなメッセージボックスに表示するマクロ［割合計
算］を作成してください。ただし、セルB3の値を変数［良品数］、セルB4
の値を変数［製造数］、計算結果を変数［割合］に代入するものとします。

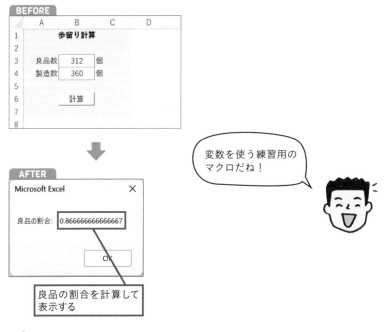

BEFORE

	A	B	C	D
1		歩留り計算		
2				
3	良品数	312	個	
4	製造数	360	個	
5				
6		計算		
7				
8				

AFTER

Microsoft Excel ✕

良品の割合: 0.866666666666667

OK

良品の割合を計算して
表示する

変数を使う練習用の
マクロだね！

HINT

- 変数を宣言するにはDimステートメントを使用します。
- 整数の変数のデータ型には「Long」を使います。
- 小数（実数）の変数のデータ型には「Double」を使います。

▶コード

1	Sub␣割合計算()⏎
2	[Tab]Dim␣良品数␣As␣Long⏎
3	[Tab]Dim␣製造数␣As␣Long⏎
4	[Tab]Dim␣割合␣As␣Double⏎
5	[Tab]良品数␣=␣Range("B3").Value⏎
6	[Tab]製造数␣=␣Range("B4").Value⏎
7	[Tab]割合␣=␣良品数␣/␣製造数⏎
8	[Tab]MsgBox␣"良品の割合:␣"␣&␣割合⏎
9	End␣Sub⏎

1	マクロ[割合計算]の開始
2	「良品数」という名前のLong型の変数を用意する
3	「製造数」という名前のLong型の変数を用意する
4	「割合」という名前のDouble型の変数を用意する
5	変数[良品数]にセルB3の値を代入する
6	変数[製造数]にセルB4の値を代入する
7	変数[割合]に「良品数÷製造数」の計算結果を代入する
8	「良品の割合:␣」という文字列と変数[割合]の値を連結して、メッセージボックスに表示する
9	マクロの終了

このLESSONのポイント

• あとで使用する値を入れる入れ物を「変数」と呼ぶ。
• 変数宣言の書式は「Dim␣変数名␣As␣データ型」。
• 値の代入の書式は「変数名␣=␣値」。
• 計算に使う記号を「演算子」と呼ぶ。

関数を使ってみよう

 Excelにはたくさんの関数があるけど、VBAにも**VBA専用の関数**が用意されているんだよ。

 VBAの関数は難しいんだろうな。

 そんなことない、**ほとんどの関数が、Excelと同じ感覚で使える**よ。ただ、一部使い方に注意が必要な関数もあるんだ。ここでは、そんな関数の使い方のクセやコツをつかんでほしい。

SECTION 1 VBA関数って何？

関数とは、数値計算や文字列操作など、**一定の処理に名前を付けて1つの式で実行できるようにした仕組み**です。関数の処理の材料となるデータを「**引数**」、関数の処理により返ってくる結果を「**戻り値**」（もどりち）と呼びます。

VBAの関数をExcelの関数と区別して「**VBA関数**」と呼びます。VBA関数を使うときは、関数名に続けて「( )」(カッコ)を記述し、その中に引数を「,」(コンマ)で区切って入力します。Excelの関数と同じですね。

関数の書式
関数名(引数1, 引数2, 引数3, …)

引数の数や種類は、関数によって異なります。例えば、文字列の文字数を求めるLen関数は、[文字列]という引数を1つ持ちます。引数[文字列]に「"VBA関数"」と指定した場合、その文字数の「5」が求められます。

書式 文字列の文字数を求める関数
Len(文字列)

コード
```
MsgBox  Len("VBA関数")
            文字列
```

練習用ファイル ▶ 12-01-01_完成.xlsm

「VBA関数」の文字数が表示された

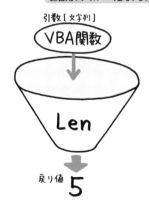

引数[文字列]
VBA関数
Len
戻り値 5

145

Format関数でデータを思い通りの表示にする

複数の引数を持つ関数を見ていきましょう。今回紹介するのは、データを指定した形式の文字列に変換するFormat関数です。

書式 データを指定した形式の文字列に変換する関数

Format(データ, [表示形式])

引数[データ]に指定した数値や日付などのデータを、引数[表示形式]で指定した形式に変換します。戻り値は文字列になります。

例えば、「0.9876」を小数点以下1桁のパーセント表示するには、引数[データ]に「0.9876」を、引数[表示形式]に「"0.0%"」を指定します。次のコードでは、Format関数の戻り値をメッセージボックスに表示しています。

コード

```
MsgBox Format(0.9876, "0.0%")
             データ      表示形式
```

練習用ファイル ▶ 12-02-01_完成.xlsm

「0.9876」に「"0.0%"」という表示形式が適用されて、「98.8%」と表示された

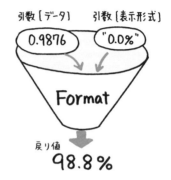

146

引数［表示形式］に指定した「0.0%」の「0」や「%」は、「表示書式指定文字」
と呼ばれる記号です。「%」は、数値を100倍して末尾に「%」を付ける働
きをします。また、小数点の右にある「0」の数が、戻り値の小数点以下の
桁数となります。

第
3
章

変数を使って計算してみよう

引数［表示形式］に
「"0.0%"」を指定す
ると、小数点以下の
桁数は1桁に揃えら
れるんだね！

[データ]	→	戻り値
0.9876	→	98.8%
0.987	→	98.7%
0.98	→	98.0%
0.9	→	90.0%
1	→	100.0%

引数［表示形式］は、いろいろな「表示書式指定文字」を組み合わせて指定
します。よく使われる指定方法を下表にまとめるので、参考にしてくだ
さい。

●数値

使用例	戻り値	説明
Format(12, "0000")	0012	先頭に「0」が補われる
Format(0.6, "0.00")	0.60	末尾に「0」が補われる
Format(0.66666, "0.00")	0.67	端数が四捨五入される
Format(12345, "#,##0")	12,345	3桁区切りで表示される

●日付

使用例	戻り値
Format(#7/25/2024#, "yyyy/mm/dd")	2024/07/25
Format(#7/25/2024#, "m/d(aaa)")	7/25(木)
Format(#7/25/2024#, "yyyy年m月d日")	2024年7月25日

SECTION 3 Replace関数で文字列を置換する

もう1つ、文字列操作を行う関数を紹介します。文字列の置換に使用するReplace関数です。[文字列] の中の [検索文字列] を [置換文字列] で置き換えます。

書式 文字列を置換する関数

Replace(文字列, 検索文字列, 置換文字列)

例えば、「たぬきそば」を「きつねそば」に変えたいときは、引数[文字列]に「たぬきそば」、引数[検索文字列]に「たぬき」、引数[置換文字列]に「きつね」を指定します。

練習用ファイル ▶ 12-03-01.xlsm

コード
```
Range("B2").Value = _ 折り返し
    Replace(Range("A2").Value, "たぬき", "きつね")
           文字列           検索文字列 置換文字列
```

	A	B
1	注文	再注文
2	たぬきそば	きつねそば
3		
4		
5		

セルA2の文字列中の「たぬき」を「きつね」に置き換えて、セルB2に入力したんだね。

123ページで紹介した「RGB(135, 206, 235)」の「RGB」も、実はVBA関数だよ。RGB関数は、[R][G][B]の3つの引数から「R+G×256+B×256×256」を計算してRGB値を求めるんだ。

148

SECTION

4 Date関数で本日の日付を求める

VBA関数の中には、**引数を持たない関数**があります。そのような関数では、「( )」を記述せずに関数名だけを入力します。Excelでは引数がなくても「=TODAY()」のように「( )」を入力するので、その点はVBA関数と異なることになりますね。注意してください。

例えば、本日の日付を求めるDate関数は引数を持ちません。

書式	本日の日付を返す関数

Date

Date関数を使うときは、単に「Date」と記述します。次のコードを実行すると、メッセージボックスに本日の日付が表示されます。

コード
```
MsgBox Date
```
意味 メッセージボックスに本日の日付を表示する

練習用ファイル ▶ 12-04-01_完成.xlsm

本日の日付が表示された

ExcelのTODAY関数と機能は同じだね!

このLESSONではVBA関数の一部しか紹介できないけど、引数の指定方法や関数の決まり事を身に付ければ、ほかのいろいろな関数に応用できるよ!

第3章 変数を使って計算してみよう

MsgBox関数でユーザーと対話する

これまで何度となく使ってきた「MsgBox」ですが、実は次のような書式を持つVBA関数なんです。

書式	メッセージボックスにメッセージを表示する関数

MsgBox(メッセージ, [ボタン], [タイトル])

●引数［ボタン］の値（抜粋）

組み込み定数	説明
vbOKOnly	[OK]（既定値）
vbOKCancel	[OK] [キャンセル]
vbAbortRetryIgnore	[中止] [再試行] [無視]
vbYesNoCancel	[はい] [いいえ] [キャンセル]
vbYesNo	[はい] [いいえ]
vbRetryCancel	[再試行] [キャンセル]

これまでMsgBox関数を使うときは、メッセージ文を表示するだけでしたが、**ボタンやタイトルバーの文字列も指定できる**のです。例えば、引数[ボタン]に「vbYesNo」を指定すれば、メッセージボックス上に[はい]ボタンと[いいえ]ボタンが配置されます。引数[ボタン]の指定を省略した場合は、[OK]ボタンだけが表示されます。

次のコードを実行すると、次ページの図のようなメッセージボックスが表示されます。

```
コード
MsgBox "犬は好きですか？", vbYesNo, "質問"
       メッセージ              ボタン      タイトル
```

練習用ファイル ▶ 12-05-01_完成.xlsm

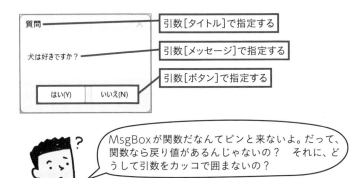

また、裕太くんがプー助に疑問を投げかけていますね。実は、MsgBox
関数も、ほかの関数と同じように戻り値があります。メッセージボック
ス上で**ユーザーがクリックしたボタン**が戻り値になるのです。つまり、
戻り値を取得できれば、ユーザーがクリックしたボタンがわかり、ユー
ザーの意思を確認できるというわけです。

クリックされたボタンを判断するために、次表の値が用意されています。
例えば、[はい]ボタンがクリックされた場合、戻り値は「6」になります。

●クリックされたボタンを表す値と組み込み定数

値	組み込み定数	説明
1	vbOK	[OK] ボタン
2	vbCancel	[キャンセル] ボタン
3	vbAbort	[中止] ボタン
4	vbRetry	[再試行] ボタン
5	vbIgnore	[無視] ボタン
6	vbYes	[はい] ボタン
7	vbNo	[いいえ] ボタン

151

さて、裕太くんのもう1つの疑問は、引数をカッコで囲まない理由でしたね。実は、VBAでは戻り値を取得しない場合はカッコで囲まず、取得する場合はカッコで囲むというルールがあります。つまり、メッセージボックスをただ表示するだけの場合は囲まず、クリックされたボタンを取得する場合はカッコで囲むのです。

● MsgBox関数のルール

・ただメッセージボックスを表示するだけ…引数をカッコで囲まない

```
MsgBox "犬は好きですか？", vbYesNo, "質問"
```

・クリックされたボタンを取得する…引数をカッコで囲む

```
MsgBox("犬は好きですか？", vbYesNo, "質問")
```

それでは、「犬は好きですか？」というメッセージボックスの戻り値を変数に代入し、その番号を別のメッセージボックスに表示するコードを書いてみましょう。戻り値は数値なので、数値型であるLong型の変数を使用します。

```
コード
Dim 回答 As Long

回答 = MsgBox("犬は好きですか？", vbYesNo, "質問")
                    メッセージ          ボタン    タイトル
MsgBox 回答, vbOKOnly, "押されたボタンの番号"
       メッセージ  ボタン        タイトル
```

練習用ファイル ▶ 12-05-02_完成.xlsm

戻り値は「はい」「いいえ」といった文字列ではなく、「6」「7」のような数値だから、変数［回答］をLong型で宣言するんだね！

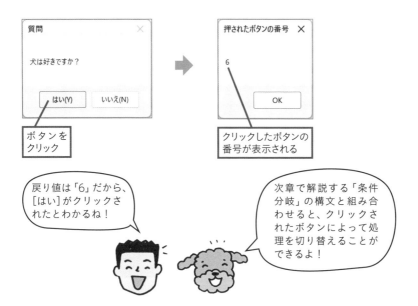

最後に、メッセージ文の改行方法について説明しておきます。メッセージボックスに表示する文字列を途中で改行したいときは、**改行する位置に「vbCrLf」を連結**します。「vbCrLf」は、メッセージなどの改行を表す組み込み定数です。

```
MsgBox "犬が好き！" & vbCrLf & "猫も好き！"
```

練習用ファイル ▶ 12-05-03_完成.xlsm

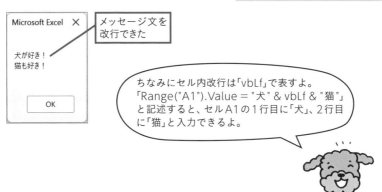

6 VBAでワークシート関数を利用するには

VBAでは、Excelの一部の関数を使用できます。Excelの関数を、VBA
関数とは区別して「ワークシート関数」と呼びます。

ワークシート関数を使用するには、「WorksheetFunction」に続けて
「.」(ピリオド)を入力し、関数を入力します。「WorksheetFunction.」
と入力すると、使用できるワークシート関数が一覧表示されるので、そ
の中から選びましょう。

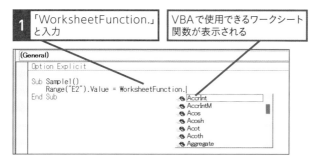

1 「WorksheetFunction.」と入力

VBAで使用できるワークシート関数が表示される

Excelの「オートSUM」機能でおなじみのSUM関数、COUNT関数、
MAX関数なども、VBAで使用できます。練習として、次の図のセルB3
〜B7の数値の合計、数値データ数、最大値を求めて、それぞれセルE2、
E3、E4に入力するコードを考えてみましょう。

練習用ファイル ▶ 12-06-01.xlsm

	A	B	C	D	E	F
1	営業成績					
2	社員	契約数		合計		
3	井上	23		データ数		
4	笠原	8		最大		
5	佐々木	36				
6	橘	12				
7	野村	20				
8						

合計、データ数、最大値を求めたい

ポイントは、引数の指定方法です。Excelでは「SUM(B3:B7)」のように引数に直接セル番号を指定しますが、VBAではRangeオブジェクトを指定します。コードは、以下のようになります。

第3章 変数を使って計算してみよう

コード
```
Range("E2").Value = WorksheetFunction.Sum(Range("B3:B7"))
```
意味 SUM関数で合計する

コード
```
Range("E3").Value = WorksheetFunction.Count(Range("B3:B7"))
```
意味 COUNT関数で数値データを数える

コード
```
Range("E4").Value = WorksheetFunction.Max(Range("B3:B7"))
```
意味 MAX関数で最大値を求める

上のコードでは、計算結果の数値がセルに入力されるよ。

 STEP UP!

どの関数を使用すればいいかCopilotに相談する

どの関数を使えばいいか困ったときは、Copilotに相談しましょう。質問文に「VBA関数」というキーワードを入れておくと、誤ってワークシート関数が提案されてしまうリスクを減らせます。例えば以下のように質問すると、Replace関数の引数や使用例などを教えてもらえます。

●プロンプト

> 文字列を置換するVBA関数について、構文と使用例を教えてください。

155

7 【マクロの改良】入力データを整形する

実際にマクロを作成して、LESSONの内容を復習しましょう。

▶作成するマクロ　　　　　　　　　　練習用ファイル ▶ 12-07-01.xlsm

LESSON11で作成したマクロ［割合計算］を、次のように修正してください。

・**計算結果が小数点以下1桁のパーセント表示になるようにする**

・**「AFTER」の図のようにメッセージ文を改行する**

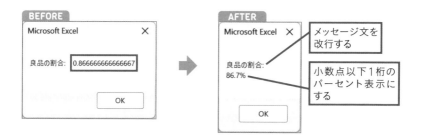

> 小数をパーセント表示にすると、断然見やすくなるね！

💡 **HINT**

- 数値の表示を変えるにはFormat関数を使います。
- 小数点以下1桁のパーセント表示になるようにするには、「"0.0%"」という表示形式を使います。
- メッセージ文を改行するには、組み込み定数vbCrLfを使います。

▶コード

1	Sub␣割合計算()↵
2	[Tab]Dim␣良品数␣As␣Long↵
3	[Tab]Dim␣製造数␣As␣Long↵
4	[Tab]Dim␣割合␣As␣Double↵
5	[Tab]良品数␣=␣Range("B3").Value↵
6	[Tab]製造数␣=␣Range("B4").Value↵
7	[Tab]割合␣=␣良品数␣/␣製造数↵
8	[Tab]MsgBox␣"良品の割合"␣&␣vbCrLf␣&␣Format(割合,␣"0.0%")↵
9	End␣Sub↵

1	マクロ[割合計算]の開始
2	「良品数」という名前のLong型の変数を用意する
3	「製造数」という名前のLong型の変数を用意する
4	「割合」という名前のDouble型の変数を用意する
5	変数[良品数]にセルB3の値を代入する
6	変数[製造数]にセルB4の値を代入する
7	変数[割合]に「良品数÷製造数」の計算結果を代入する
8	「良品の割合」という文字列と、小数点以下1桁のパーセント表示にした[割合]の値を、改行をはさんでメッセージボックスに表示する
9	マクロの終了

第3章 変数を使って計算してみよう

黒い文字のコードはLESSON 11で作ったマクロと同じ。8行目の緑色のコードだけ修正すればOKだよ。

🐾 このLESSONのポイント

- 関数の書式は「関数名(引数1, 引数2, 引数3, …)」。
- 引数を持たない関数は、関数名だけを記述する。
- MsgBox関数の戻り値はクリックされたボタンを表す番号。

EPILOGUE

 プー助、グッドニュースだよ！　なくしたと思っていたグルメ情報のメモ、ポケットから出てきたんだ。

 よかったね。何のお店？

 ワンコ同伴可の本格イタリアンの店だよ。　ワンコ用のメニューも豊富らしい。

 ボ、ボクも連れて行ってくれるの？　ウルウル。

 当たり前だよ！　一番の親友だろ？

 ありがとう。今度から、大切なメモは、きちんとしまっておくようにね。

 了解！　変数と関数も記憶の箱から消えないように、しっかり復習するよ！

第 4 章

条件によって
処理を切り替えよう

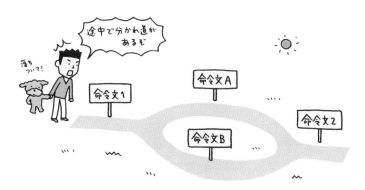

PROLOGUE

 ワンワン、裕太くん、今日の散歩のことでお願いがあるワン！

 どうしたの、プー助。なんだか犬みたいだよ。あ、犬か…。

 いつもの散歩のコースは西通りだけど、今日はももちゃんが東通りの公園で待っているから東通りを歩きたいワン！

 ももちゃんって、プー助の彼女？　ももちゃんが待っているかどうかで、散歩する道を変えるの？

 そう。「ももちゃんが東通りの公園で待っている」という条件が成立する場合は東通りを散歩する。成立しない場合は西通りを散歩する。VBA流に言えば、「**条件分岐**」さ。

 い、いつものプー助に戻った。ところで、「条件分岐」って何？

 条件に応じて実行する処理を切り替えることだよ。散歩から帰ってきたら、勉強しよう！

LESSON 13 Ifステートメント
Ifステートメントで条件分岐する

 裕太くん、今日の散歩は楽しかったね！　お礼にVBAの「条件分岐」をみっちり教えてあげる！

 ちょっと休もうよ。「一休みして元気が戻る」という条件が成立した場合にのみ、VBAを勉強します！

SECTION 1 「制御構造」を使って処理の流れを操ろう

裕太くんの元気が戻るまで条件分岐の勉強は置いておいて、その間に「**制御構造**」についてお話ししたいと思います。

さて、下図のマクロのコードは、どういう順序で実行されるでしょうか？
「上から1行ずつ順番に」ですよね。

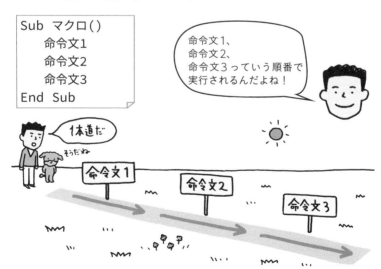

```
Sub マクロ()
    命令文1
    命令文2
    命令文3
End Sub
```

命令文1、命令文2、命令文3っていう順番で実行されるんだよね！

一本道だ
そうだね
命令文1　命令文2　命令文3

しかし、そのようなマクロで実行できるのは、単純な処理だけです。より複雑な処理を行うためには、「**制御構造**」と呼ばれる仕組みを使用して、**命令文の実行の流れを制御**します。

例えば、この章で紹介する「**条件分岐**」という制御構造を使用すると、**状況に応じて実行する命令文を切り替える**ことができます。

制御構造を使用することによって、「上から1行ずつ順番に」という処理の流れを変えられるのですね。

SECTION 2 Ifステートメントで処理を分岐する

何らかの条件が成立する場合に処理を実行するには、「**Ifステートメント**」を使います。「If」と「Then」の間に条件式を記述し、「If 条件式 Then」と「End If」の間に条件式が成立する場合の処理を記述します。「**If**」を「**もしも**」、「**Then**」を「**なら**」と**読み替える**と、意味がわかりやすいです。

Ifステートメント1

もしも　　　なら
If 条件式 Then
　　条件式が成立する場合の処理
End If

Ifステートメントの条件式には、「**True**」か「**False**」の結果になる式を指定します。「True」は「Yes」、「False」は「No」でしたね。条件式の結果が「True」の場合に処理が行われ、「False」の場合は何も行われません。

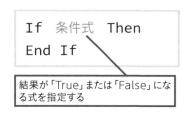

```
If  条件式  Then
End If
```

結果が「True」または「False」になる式を指定する

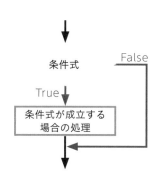

条件式

False

True

条件式が成立する
場合の処理

練習として、セルB3の値が「S」に等しい場合に、メッセージボックスに「無料」と表示するコードを考えましょう。 **練習用ファイル ▶ 13-02-01.xlsm**

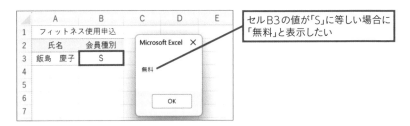

セルB3の値が「S」に等しい場合に「無料」と表示したい

指定する条件式は、「セルB3の値が『S』に等しい」です。「セルB3の値」は「Range("B3").Value」でしたね。『『S』に等しい』は、「=」という比較演算子を使用して「= "S"」と表します。

コード Range("B3").Value = "S"
　　　　　セルB3の値　　　　　「S」に等しい

これまで使用してきた「=」は代入演算子でしたが、条件式の中で「=」を使う場合は「左辺と右辺が等しい」という意味の**比較演算子**になるので注意してください。なお、条件式の書き方や比較演算子については、LESSON**14**で詳しく解説します。

全体のコードは以下のようになります。

もしもセルB3の値が「S」に等しいなら

```
1  If Range("B3").Value = "S" Then⏎
2  [Tab]MsgBox "無料"⏎
3  End If⏎
```

メッセージボックスに「無料」と表示する

このコードを実行すると、セルB3の値が「S」に等しい場合に条件式の結果が「True」となり、「無料」と書かれたメッセージボックスが表示されます。セルB3の値が「S」に等しくない場合は条件式の結果が「False」となり、メッセージボックスは表示されません。

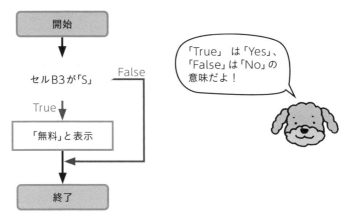

「True」は「Yes」、「False」は「No」の意味だよ！

STEP UP!

「ステートメント」って何？

Excel VBAは、Excelを操作するためのプログラミング言語です。第2章で紹介した「オブジェクト.プロパティ = 値」「オブジェクト.メソッド」の2種類を使えば、Excelを操作できます。しかし、その操作を円滑に進めるには、プログラムの構造を司るための構文を覚える必要があります。「Ifステートメント」や「Dimステートメント」などの**「ステートメント」は、こうしたプログラムの構造にかかわるコード**に対して使われる言葉です。

ただし、この言葉の定義はあいまいで、1行のコードのことを「ステートメント」と呼ぶ場合もあります。「ステートメント」がどちらの意味で使われているかは、文脈で判断しましょう。

「Else」を使用して「〜でない場合」の処理を追加

Ifステートメントに「Else」で始まるブロックを追加すると、条件が成立しない場合の処理を指定できます。「Else」は「そうでない場合は」と読み替えます。

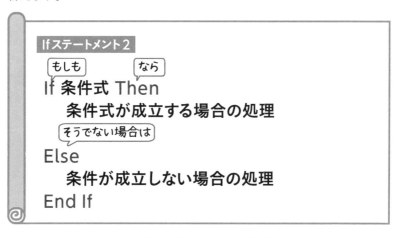

それでは、セルB3の値が「S」に等しい場合に「無料」、そうでない場合に「有料」と表示するコードを書いてみましょう。 練習用ファイル ▶ 13-03-01.xlsm

もしもセルB3の値が「S」に等しいなら「無料」と表示する

```
1  If_Range("B3").Value_=_"S"_Then↵
2  [Tab]MsgBox_"無料"↵
3  Else↵
4  [Tab]MsgBox_"有料"↵
5  End_If↵
```

そうでない場合は「有料」と表示する

このコードを実行すると、セルB3の値が「S」に等しいかどうかで、メッセージボックスの内容が変わります。等しい場合は「無料」、等しくない場合は「有料」が表示されます。

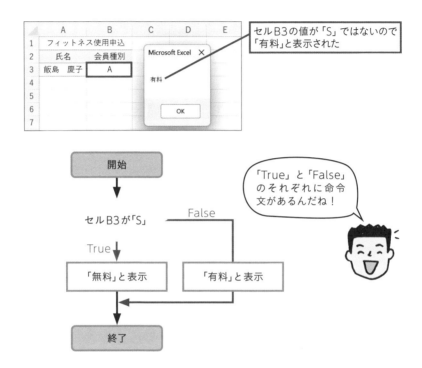

セルB3の値が「S」ではないので「有料」と表示された

「True」と「False」のそれぞれに命令文があるんだね！

SECTION

4 「ElseIf」を使用して複数の条件で分岐する

Ifステートメントに「**ElseIf**」で始まるブロックを追加すると、**1つ目の条件が成立しない場合に、別の条件で処理を分岐**できます。「ElseIf」ブロックは**複数追加することが可能**です。また、「Else」ブロックは必要がなければ省略してかまいません。

それでは、セルB3の値が「S」に等しい場合に「無料」、「A」に等しい場合に「500円」、「B」に等しい場合に「1000円」、それ以外の場合に「入力値が不正です。」と表示してみましょう。

練習用ファイル ▶ 13-04-01.xlsm

もしもセルB3の値が「S」に等しいなら「無料」と表示する

もしもセルB3の値が「A」に等しいなら「500円」と表示する

1	If␣Range("B3").Value␣=␣"S"␣Then⏎
2	(Tab)MsgBox␣"無料"⏎
3	ElseIf␣Range("B3").Value␣=␣"A"␣Then⏎
4	(Tab)MsgBox␣"500円"⏎
5	ElseIf␣Range("B3").Value␣=␣"B"␣Then⏎
6	(Tab)MsgBox␣"1000円"⏎
7	Else⏎
8	(Tab)MsgBox␣"入力値が不正です。"⏎
9	End␣If⏎

もしもセルB3の値が「B」に等しいなら「1000円」と表示する

そうでない場合は「入力値が不正です。」と表示する

例えばセルB3の値が「A」の場合、最初の条件が「False」、2番目の条件が「True」となり、「500円」が表示されます。

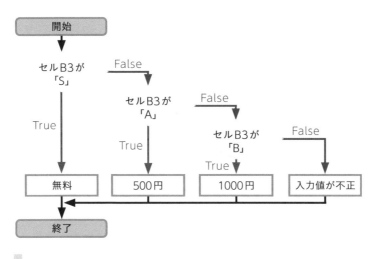

STEP UP!

変数を利用しよう

前ページのコードでは、Ifステートメントの中でセルB3の値を3
回取得しています。このような場合は、最初にセルB3の値を変数
に代入し、その変数を使って条件判定を行ったほうがコードがわか
りやすく、体感できるほどではないものの処理速度が上がります。

練習用ファイル ▶ 13-04-02.xlsm

1	Dim␣会員種別␣As␣String⏎
2	会員種別␣=␣Range("B3").Value⏎
3	If␣会員種別␣=␣"S"␣Then⏎
4	[Tab]MsgBox␣"無料"⏎
5	ElseIf␣会員種別␣=␣"A"␣Then⏎
6	[Tab]MsgBox␣"500円"⏎
7	ElseIf␣会員種別␣=␣"B"␣Then⏎
8	[Tab]MsgBox␣"1000円"⏎
9	Else⏎
10	[Tab]MsgBox␣"入力値が不正です。"⏎
11	End␣If⏎

5 【マクロ作成】回答に応じて処理を切り替える

実際にマクロを作成して、LESSONの内容を復習しましょう。

▶作成するマクロ　　　　　　　　　　　練習用ファイル ▶ 13-05-01.xlsm

「BEFORE」のワークシートの[クリア]ボタンがクリックされたときに、
[AFTER]の図のような確認メッセージを表示し、クリックされたボタ
ンに応じて次の処理を行うマクロを作成してください。

・[OK]ボタンがクリックされた場合は、セルB2～B5のデータを消去
して、メッセージボックスに「クリアしました。」と表示する。

・[キャンセル]ボタンがクリックされた場合は、メッセージボックスに
「キャンセルされました。」と表示する。

MsgBox関数の使い方を忘れた人は、LESSON12を復習してね!

メッセージボックスが表示された

●[OK]ボタンがクリックされた場合

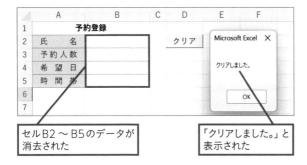

セルB2〜B5のデータが
消去された

「クリアしました。」と
表示された

●[キャンセル]ボタンがクリックされた場合

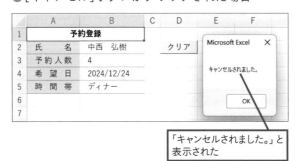

「キャンセルされました。」と
表示された

💡 HINT

- メッセージボックスに[OK]ボタンと[キャンセル]ボタンを配置するには、MsgBox関数の引数[ボタン]に「vbOKCancel」を指定します(→150ページ)。
- MsgBox関数の戻り値(クリックされたボタン)を取得するには、引数をカッコで囲み、Long型の変数に代入します。
- MsgBox関数の戻り値が「vbOK」と等しい場合、[OK]ボタンがクリックされたと判断できます。
- セルのデータを消去するにはClearContentsメソッドを使用します(→66ページ)。

▶コード

1	Sub␣クリア()↵
2	[Tab]Dim␣回答␣As␣Long↵
3	[Tab]回答␣=␣MsgBox("クリアしますか？ ",␣vbOKCancel)↵
4	[Tab]If␣回答␣=␣vbOK␣Then↵
5	[Tab][Tab]Range("B2:B5").ClearContents↵
6	[Tab][Tab]MsgBox␣"クリアしました。"↵
7	[Tab]Else↵
8	[Tab][Tab]MsgBox␣"キャンセルされました。"↵
9	[Tab]End␣If↵
10	End␣Sub↵

1	マクロ[クリア]の開始
2	「回答」という名前のLong型の変数を用意する
3	[OK][キャンセル]ボタンが配置されたメッセージボックスを表示して、その戻り値を変数[回答]に代入する
4	もしも変数[回答]が「vbOK」に等しいなら
5	セルB2～B5のデータを消去する
6	メッセージボックスに「クリアしました。」と表示する
7	そうでない場合は
8	メッセージボックスに「キャンセルされました。」と表示する
9	Ifステートメントの終了
10	マクロの終了

データを消去するかどうか、ユーザーに念のための確認を行えるんだね！

●MsgBox関数の戻り値を組み込み定数と比べて判定する

MsgBox関数の戻り値は、151ページで紹介したとおり1〜7の数値なので、戻り値を代入する変数はLong型で宣言します。

```
コード
Dim 回答 As Long
回答 = MsgBox("クリアしますか？",vbOKCancel)
```

戻り値の数値にはそれぞれ組み込み定数が割り当てられています。[OK]ボタンがクリックされた場合の戻り値は「1」で、その組み込み定数は「vbOK」です。Ifステートメントで戻り値を判定するときの条件式は、「回答 = 1」としても判定できますが、「回答 = vbOK 」と記述したほうがよりわかりやすいコードになります。

```
コード
If 回答 = vbOK Then
    （[OK]ボタンがクリックされた場合の処理）
Else
    （そうでない場合の処理）
End If
```

このLESSONのポイント
- 条件が成立する場合に処理を行うには、Ifステートメントを使う。
- 条件が成立しない場合の処理も記述するには「Else」ブロックを追加する。
- 条件が成立しない場合に別の条件を指定するには「ElseIf」ブロックを追加する。

LESSON

14

比較演算子、論理演算子

Ifステートメントの条件式

 Ifステートメントの条件式には、「True」または「False」のどちらかの結果となる式を指定するんだ。

 「True」は「Yes」、「False」は「No」を表す「論理値」だったね。「Yes」か「No」の結果に応じて、2本の分かれ道のうちのどちらに進むかが決まるんだね！

SECTION

1 比較演算子を使用して条件式を記述する

比較演算子を使用すると、**2つの値を比較した条件判定**を行えます。比較演算子を使った式の結果は、必ず論理値となります。

●数値や日付の条件判定　　　　　　　　　　　練習用ファイル ▶ 14-01-01.xlsm

数値や日付の条件判定には下表の比較演算子を使用します。「>=」「<=」「<>」は、「>」「<」「=」を組み合わせて入力します。

●数値や日付の条件判定に使用する比較演算子

演算子	説明	使用例	結果
>	より大きい、よりあと	6 > 3	True
>=	以上、以降	6 >= 3	True
<	より小さい、より前	6 < 3	False
<=	以下、以前	6 <= 3	False
=	等しい	6 = 3	False
<>	等しくない	6 <> 3	True

それでは、セルB3の入荷日がセルB4の発送日よりあとの日付である場合に、メッセージボックスに「発送不可」と表示してください。比較演算子は「>」を使います。

コード

```
If Range("B3").Value > Range("B4").Value Then
        MsgBox "発送不可"
End If
```

意味 入荷日が発送日よりあとの場合に「発送不可」と表示する

入荷日が発送日よりあとの日付なので「発送不可」と表示された

特定の日付と比較したいときは、「> #7/24/2020#」のように記述してね。

文字列の条件式には、下表の比較演算子を使用します。**Like演算子**は、次ページで紹介する「**ワイルドカード**」と組み合わせて、**文字パターン**の比較を行います。なお、文字列の比較では、大文字／小文字、全角／半角が区別されます。

●文字列の条件判定に使用する比較演算子

演算子	説明	使用例	結果
=	等しい	"VBA" = "Excel"	False
<>	等しくない	"VBA" <> "Excel"	True
Like	文字列パターンの比較	"VBA" Like "V*"	True

第4章 条件によって処理を切り替えよう

●ワイルドカードの種類

ワイルドカード	説明	使用例	意味
*	任意の文字列	"*都"	「都」で終わる文字列
?	任意の1文字	"???県"	3文字＋「県」
#	任意の数字1字	"Excel201#"	「Excel201」＋数字1文字
[ ]	[ ]内の1文字	"*[道府県]"	「道」「府」「県」のいずれかで終わる文字列
[!]	[ ]内の文字以外	"*[!道府]"	「道」「府」以外の文字で終わる文字列
[-]	文字の範囲	"[A-D]*"	「A」～「D」で始まる文字列

それでは、セルB3の値が「道、府、県」のいずれかで終わる場合に、メッセージボックスに「該当」と表示してみましょう。「道、府、県のいずれか」は、「 [道府県]」で表せます。また、「○○で終わる文字列」は、「*○○」で表せます。つまり、「 "*[道府県]" 」と記述すると、「道、府、県のいずれかで終わる文字列」となります。

練習用ファイル ▶ 14-01-02.xlsm

コード
```
If Range("B3").Value Like "*[道府県]" Then
    MsgBox "該当"
End If
```
意味 セルB3が「道、府、県」のいずれかで終わる場合に「該当」と表示する

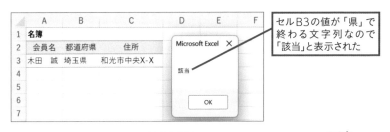

セルB3の値が「県」で終わる文字列なので「該当」と表示された

すごい！ ワイルドカードを使うと、複雑な条件を簡潔な式で表せるんだね！

■STEP UP!

Copilotに条件分岐の書き方を質問する

条件分岐のコードの書き方をCopilotに相談するときは、処理内容を箇条書きで入力すると、情報が整理され伝わりやすくなります。ここでは合否を判定するコードを相談してみます。

練習用ファイル ▶ 14-01-03.xlsm

●プロンプト

> Excel VBAで以下の条件分岐を行うIfステートメントのコードを提案してください。
> ・セルB3の値が60以上かどうか判定する
> ・60以上の場合はセルC3に「合格」と入力する
> ・そうでない場合はセルC3に「不合格」と入力する

次のコードは、Copilotの回答のコード部分を抜粋したものです。

●Copilotの回答例（コード部分）

```
If Range("B3").Value >= 60 Then
    Range("C3").Value = "合格"
  Else
    Range("C3").Value = "不合格"
End If
```

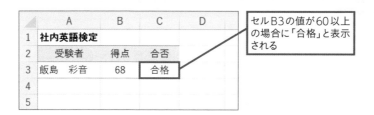

セルB3の値が60以上の場合に「合格」と表示される

今回はうまくいったようです。正しく動作しない場合は、Copilotにその旨を報告してコードを修正してもらいましょう。

2 論理演算子で複数の条件式を組み合わせる

And演算子やOr演算子などの「**論理演算子**」を使用すると、**複数の条件式を組み合わせた条件判定**を行えます。条件式を組み合わせることで、複雑な条件判定が可能になります。

●A And B（AかつB）

条件式Aと条件式Bがともに「True」である場合に結果が「True」となる

●A Or B（AまたはB）

条件式Aと条件式Bの少なくとも1つが「True」である場合に結果が「True」となる

● And演算子を使用して「AかつB」を判定する　練習用ファイル ▶ 14-02-01.xlsm

And演算子を使用すると、**複数の条件式がすべて成立する場合に処理を実行**できます。次のコードを書いて、筆記（セルB3）と実技（セルC3）の両方が60点以上の場合に「合格」、どちらか1つでも60点未満の場合は「不合格」と表示されるようにしましょう。

コード
```
If Range("B3").Value >= 60 And _ 折り返し
    Range("C3").Value >= 60 Then
        MsgBox "合格"
Else
        MsgBox "不合格"
End If
```
意味 「セルB3が60以上」かつ「セルC3が60以上」で「合格」とする

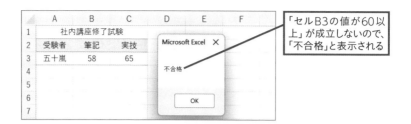

「セルB3の値が60以上」が成立しないので、「不合格」と表示される

● Or演算子を使用して「AまたはB」を判定する　練習用ファイル ▶ 14-02-02.xlsm

Or演算子を使用すると、**複数の条件式の少なくとも1つが成立する場合に処理を実行**できます。次のコードを書いて、ランク（セルB3）が「S」、または年間購入額（セルC3）が100,000円以上の場合に「割引券送付」と表示され、どちらの条件にも当てはまらない場合は、「割引なし」と表示されるようにしましょう。

`コード`

```
If Range("B3").Value = "S" Or _ [折り返し]
  Range("C3").Value >= 100000 Then
    MsgBox "割引券送付"
Else
    MsgBox "割引なし"
End If
```

`意味` 「ランクがS」または「年間購入額が100,000以上」で割引する

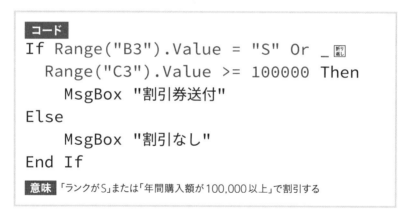

年間購入額は基準に満たないが、ランクが「S」なので割引券を送付する

3 【マクロ作成】会員ランクの場合分け

実際にマクロを作成して、LESSONの内容を復習しましょう。

▶作成するマクロ

練習用ファイル ▶ 14-03-01.xlsm

表に入力された「購入額」と「回数」をもとに、以下の条件で会員ランクを
決定し、「ランク」欄に入力するマクロ[会員ランク]を作成してください。
また、そのマクロを[ランク決定]ボタンに割り当ててください。

- **ゴールド：購入額が100,000円以上**
- **シルバー：購入額が50,000円以上または購入回数が5回以上**
- **レギュラー：上記以外**

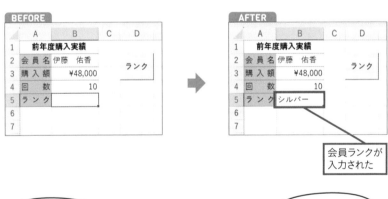

会員ランクが
入力された

条件式を組み立てるには比較演算子を使う。

複数の条件式を組み合わせるには論理演算子を使うんだね。

HINT

- 「○○以上」の条件は「>=○○」と記述します。
- 「AまたはB」の条件は、Or演算子を使用して記述します。

▶コード

1	`Sub␣会員ランク()⏎`
2	`[Tab]If␣Range("B3").Value␣>=␣100000␣Then⏎`
3	`[Tab][Tab]Range("B5").Value␣=␣"ゴールド"⏎`
4	`[Tab]ElseIf␣Range("B3").Value␣>=␣50000␣Or␣[折り返し]`
	`[Tab][Tab]Range("B4").Value␣>=␣5␣Then⏎`
5	`[Tab][Tab]Range("B5").Value␣=␣"シルバー "⏎`
6	`[Tab]Else⏎`
7	`[Tab][Tab]Range("B5").Value␣=␣"レギュラー "⏎`
8	`[Tab]End␣If⏎`
9	`End␣Sub⏎`

1	マクロ[会員ランク]の開始
2	もしもセルB3の値が100,000以上なら
3	セルB5に「ゴールド」と入力する
4	もしもセルB3の値が50,000以上、
	またはセルB4の値が5以上なら
5	セルB5に「シルバー」と入力する
6	そうでない場合は
7	セルB5に「レギュラー」と入力する
8	Ifステートメントの終了
9	マクロの終了

第4章 条件によって処理を切り替えよう

このLESSONのポイント

- Ifステートメントで2つの値を比較した条件判定を行うには、比較演算子を使用する。
- 複数の条件式を組み合わせるには、And演算子やOr演算子などの論理演算子を使用する。

Select Caseステートメントで条件分岐する

条件分岐には、Ifステートメントのほかに、**Select Caseステートメント**があります。Ifステートメントは条件が成立するかどうかで処理を分岐しますが、Select Caseステートメントは条件の対象となる「判定値」の値によって処理を分岐します。「Case」ブロックは複数記述できます。

Select Case ステートメント

```
Select Case 判定値
    Case 条件1
        判定値が条件1の場合の処理
    Case 条件2
        判定値が条件2の場合の処理
    Case Else
        いずれにも該当しない場合の処理
End Select
```

判定値の条件には、さまざまな指定方法があります。複数の値を「,」（コンマ）で区切って指定したり、「Case Is 比較演算子 値」「Case 開始値 To 終了値」のように範囲を指定したりできます。

●条件の指定方法

記述例	説明
Case 1	判定値が1
Case 1, 2, 3	判定値が1、2、3のいずれか
Case Is >= 5	判定値が5以上
Case 1 To 5	判定値が1以上5以下

次のマクロを作成すると、セルB3に入力された得点に応じて、メッセージボックスに「A」「B」「C」「F」の評価が表示されます。

練習用ファイル ▶ 14-03-02.xlsm

1	Sub_成績判定()↵
2	[Tab]Select_Case_Range("B3").Value↵
3	[Tab][Tab]Case_Is_>=_80↵
4	[Tab][Tab][Tab]MsgBox_"A"↵
5	[Tab][Tab]Case_Is_>=_60↵
6	[Tab][Tab][Tab]MsgBox_"B"↵
7	[Tab][Tab]Case_Is_>=_40↵
8	[Tab][Tab][Tab]MsgBox_"C"↵
9	[Tab][Tab]Case_Else↵
10	[Tab][Tab][Tab]MsgBox_"F"↵
11	[Tab]End_Select↵
12	End_Sub↵

1	マクロ[成績判定]の開始
2	セルB3の値が
3	80以上の場合
4	メッセージボックスに「A」と表示する
5	60以上の場合
6	メッセージボックスに「B」と表示する
7	40以上の場合
8	メッセージボックスに「C」と表示する
9	それ以外の場合
10	メッセージボックスに「F」と表示する
11	Select Caseステートメントの終了
12	マクロの終了

EPILOGUE

 条件分岐が使えるようになってから、VBAでできることが広がったような気がするよ。

 これまで、命令文を上から1行ずつ順番に実行するしかなかったけど、条件分岐を使えば実行する命令文を切り替えることができるからね。

 条件判定が正しく行われるために、条件式を正しく記述しなくちゃね。

 うん。そのためには「どんなときにどうしたいか」を整理しておく必要がある。処理の流れを図に書いてみると整理しやすいよ！

 わかった。さっそく書いてみよっと！

 ちょっと待って、その前にお散歩に行こうワン！！

第 **5** 章

オブジェクトの
取得を極めよう

PROLOGUE

 プー助、何を書いているの？

 ももちゃんへの手紙さ。書き出しを迷っているんだ。「親愛なるももさま」「愛しいももちゃん」「ハ〜イ、もも！」……。どれがいいと思う？

 ももちゃんは一人なのに、いろいろな呼び方があるね。

 うん、**Rangeオブジェクトといっしょ**だね。セルA1は「Range("A1")」「Cells(1, 1)」「Range("A1:C4").Resize(1, 1)」「Range("A2").Offset(-1)」……、という具合にいろいろな表現方法がある。

 なに、それ！　セルA1は「Range("A1")」じゃないの？

 「Range("A1")」はセルA1だけど、ほかにもセルA1を表現する方法がいろいろあって、状況に応じて使い分けるんだ。よし、手紙を書いたあとで、**オブジェクトのいろいろな表現方法**を教えよう！

LESSON 15 オブジェクトの取得

オブジェクトの取得の基本

 ネットで調べ物をしていたら、Rangeオブジェクトのことを「Rangeプロパティ」って書いてあったんだ。まちがいかな?

 いや、まちがいじゃないよ。これまで裕太くんが混乱するといけないからお茶を濁していたけれど、**「Range("A1")」はプロパティでもあり、オブジェクトとも言える。** Rangeプロパティは、Rangeオブジェクトを取得するためのプロパティだよ。

 ????????

 このLESSONでは、**オブジェクトのいろいろな取得方法**を紹介していくよ!

SECTION 1 RangeオブジェクトとRangeプロパティの関係

プー助の言う「RangeプロパティはRangeオブジェクトを取得するためのプロパティ」ってどういう意味でしょう?

実は、はじめてExcel VBAを学ぶ人にとっては少し難しい話なので、説明をあと回しにしてきました。しかし、オブジェクトやプロパティに馴染んできた今なら理解しやすいと思います。ここでじっくりと説明することにしましょう。

Rangeオブジェクト??　Rangeプロパティ??

さて、LESSON08で学習した**プロパティの2つの役割**を覚えているで
しょうか？　**「設定」**と**「取得」**でしたね。ここでは、そのうちの**「取得」**に
注目します。プロパティの取得は「オブジェクト.プロパティ」で行うこ
とを意識しながら、この先を読み進めてください。

プロパティの取得

オブジェクト.プロパティ

プロパティには、文字列や数値、日付、論理値など、いわゆる**「値」を取得
するタイプ**と、**オブジェクトを取得するタイプ**の2種類があります。本
書では前者を**「値取得型」**、後者を**「オブジェクト取得型」**と呼ぶことにし
ます。

プロパティ

値取得型
値を取得

（取得例）
数値：1234
文字列：Excel
日付：2024/7/24
論理値：True

オブジェクト取得型
オブジェクトを取得

（取得例）
Workbookオブジェクト
Worksheetオブジェクト
Rangeオブジェクト
Fontオブジェクト

Worksheetオブジェクトのプロパティを例にすると、Nameプロパ
ティはシート名を取得する値取得型のプロパティです。また、冒頭で話
題になったRangeプロパティは、Rangeオブジェクトを取得するオブ
ジェクト取得型のプロパティです。

「Worksheets(1).Name」と記述すると、「1番目のワークシートの
シート名」の文字列が取得されます。

値取得型の場合、「**オブジェクト.プロパティ**」**を値として扱えます。**例え
ば、「Worksheets(1).Name」を文字列として扱えるので、文字数を求
めるLen関数の引数として「Len(Worksheets(1).Name)」と記述す
ると、シート名の文字数を求められます。

> シート名が「Sheet1」なら、「Len(Worksheets(1).
> Name)」は「Len("Sheet1")」と同じで6文字だよ！

一方、「Worksheets(1).Range("A1")」と記述すると、「1番目のワーク
シートのセルA1」というRangeオブジェクトが取得されます。これま
で引数を持つプロパティは出てきていませんでしたが、**Rangeプロパ
ティはセル番号を引数にするプロパティ**です。

```
Worksheets(1).Range("A1")
    オブジェクト       プロパティ
```

1番目のワークシートの
Rangeオブジェクトが
取得される

第5章　オブジェクトの取得を極めよう

オブジェクト取得型の場合、「オブジェクト.プロパティ」を**オブジェクト
として扱える**ので、「オブジェクト.プロパティ」の**末尾に「.プロパティ」
や「.メソッド」を指定**できます。指定したプロパティがオブジェクト取
得型のプロパティであれば、また別のオブジェクトが取得され、さらに
「.プロパティ」や「.メソッド」を指定できます。

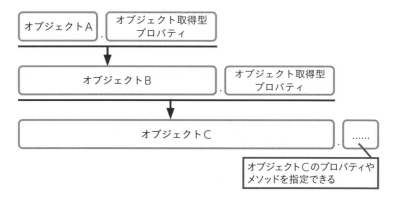

上の図に実際のオブジェクトとプロパティを当てはめたのが次のコード
です。Worksheetオブジェクトを起点として、Rangeオブジェクト、
Fontオブジェクトという順にオブジェクトが取得されています。

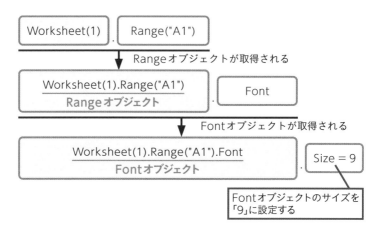

ところで、アクティブブックのワークシートは、Workbookオブジェクトを**省略してよい**ことになっていましたね。アクティブブックが1番目のブックだとして、上記のコードを省略せずに書くと次のようになります。

```
Application.Workbooks(1). _   折り返し
    Worksheets(1).Range("A1").Font.Size = 9
                           Fontオブジェクト
```

先頭のApplicationオブジェクトはExcelのことです。「Workbooks」や「Worksheets」もオブジェクト取得型のプロパティです。Applicationオブジェクトを起点として、ブック、ワークシート、セル、フォントという順番でオブジェクトの取得が行われ、最終的に「Application.Workbooks(1).Worksheets(1).Range("A1").Font」がFontオブジェクトを表すわけです。

これまで、「コードの中に『.』が複数ある場合、最後の『.』の前までがオブジェクト」と説明してきました。**オブジェクト取得型のプロパティが連なって、オブジェクトから別のオブジェクトを順に取得していき、1つのオブジェクトになる**というカラクリだったのです。

STEP UP!

オブジェクトの取得と参照

VBAの世界では、「セルを取得する」「セルを参照する」というような表現がよく使用されます。どちらも同じ意味で、Rangeオブジェクトを取得することを指しています。「Rangeプロパティを使用してセルを参照する」のような表現を耳にしたら、「オブジェクト.Range」というコードでRangeオブジェクトを取得することだと考えてください。

SECTION
2 選択されているオブジェクトの取得法

このLESSONでは、**オブジェクト取得型のさまざまなプロパティ**を解説します。手始めに、選択されているオブジェクトやアクティブなオブジェクトを取得するためのプロパティを紹介します。

●選択されているオブジェクトの取得

プロパティ	説明
Selection	選択されているオブジェクト
ActiveCell	選択されている単一のセル（アクティブセル）
ActiveSheet	最前面にあるワークシート（アクティブシート）
ActiveWorkbook	最前面にあるブック（アクティブブック）
ThisWorkbook	コードの保存先のブック

Selectionプロパティは、選択されているオブジェクトを取得するためのプロパティです。セルが選択されている場合はセルを、図形やグラフが選択されている場合はその図形やグラフを取得します。

ActiveCellプロパティは、アクティブセルを取得します。単一のセルが選択されている場合は、選択されているセルがアクティブセルです。複数のセルが選択されている場合は、その中で白く表示されているセルがアクティブセルです。

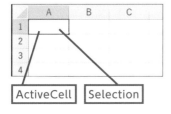

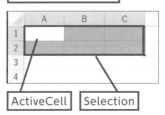

次の2行のコードの実行結果を見ると、Selectionプロパティと
ActiveCellプロパティの違いがわかると思います。

```
Selection.Value = "VBA"
ActiveCell.Value = "Excel"
```

練習用ファイル ▶ 15-02-01_完成.xlsm

あらかじめ、セルA1〜C2を選択しておきます。1行目のコードを実行
すると、選択されたセルであるセルA1〜C2の各セルに「VBA」が入力
されます。2行目のコードを実行すると、アクティブセルであるセルA1
に「Excel」が上書き入力されます。

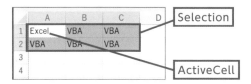

これまでも何回か使用してきましたが、最前面のワークシートであるア
クティブシートは、**ActiveSheetプロパティ**で取得できます。

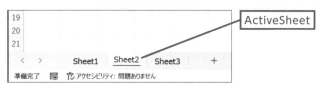

また、アクティブブック（最前面にあるブック）は**ActiveWorkbookプ
ロパティ**で、実行中のコードが保存されているブックは
ThisWorkbookプロパティで取得できます。

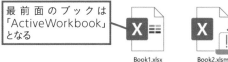
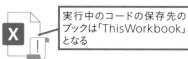

最前面のブックは
「ActiveWorkbook」
となる

実行中のコードの保存先の
ブックは「ThisWorkbook」
となる

第5章 オブジェクトの取得を極めよう

Rangeプロパティを再学習

第2章から何度も使用してきた**Rangeプロパティ**ですが、ここで改めてきちんと解説します。

書式 RangeプロパティでRangeオブジェクトを取得する

Worksheetオブジェクト.Range(Cell1, [Cell2])

●指定項目

Worksheetオブジェクト：ワークシートを指定。アクティブシートの場合は指定を省略できる。

Cell1：セル番号やセルに付けた名前などの文字列を指定。指定に応じて、行全体や列全体、名前の付いたセル範囲など、さまざまなRangeオブジェクトを取得できる。この引数の指定は必須。

Cell2：省略可能。指定する場合は引数Cell1を始点、引数Cell2を終点とするセル範囲が取得される。

●Rangeプロパティの記述例

記述例	説明
Range("B2")	セルB2
Range("A1:C3") Range("A1", "C3")	セルA1 ～ C3
Range("A1,B2:D4,E1")	セルA1とセルB2 ～ D4とセルE1
Range("2:2")	行2
Range("5:6")	行5 ～ 6
Range("B:B")	列B
Range("D:F")	列D ～ F
Range("売上")	「売上」という名前が付いたセル範囲

セル範囲を指定する方法は、引数Cell1にセル番号を「始点：終点」の形式で指定する方法と、引数Cell1に始点、引数Cell2に終点を指定する方法の2種類あり、どちらを使用してもかまいません。

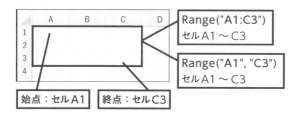

行や列を取得する場合は、引数Cell1に行番号や列番号を「:」（コロン）でつなげて指定してください。

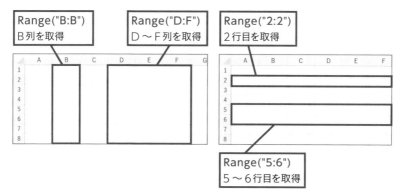

なお、引数Cell1だけを使用する場合に指定できるのはセル番号や名前などの文字列ですが、引数Cell1と引数Cell2の両方を使用する場合にはそれぞれの引数にRangeオブジェクトを指定できます。例えば、「Range("A1", ActiveCell)」と記述すると、セルA1からアクティブセルまでのセル範囲が取得されます。

コード
```
Range("A1", ActiveCell).Value = 100
        始点        終点
```
意味 セルA1からアクティブセルまでのセル範囲に「100」を入力する

第5章
オブジェクトの取得を極めよう

4 行番号と列番号からセルを取得する

行番号と列番号からセルを取得したいときは、**Cellsプロパティ**を使用します。指定した行番号と列番号の位置にあるRangeオブジェクトを取得できます。

書式 CellsプロパティでRangeオブジェクトを取得する

Worksheetオブジェクト.Cells([RowIndex], [ColumnIndex])

●指定項目

Worksheetオブジェクト：ワークシートを指定。アクティブシートの場合は指定を省略できる。

RowIndex：行番号の数値を指定。

ColumnIndex：列番号の数値かアルファベットを指定。

※引数RowIndexと引数ColumnIndexを省略して「Cells」と記述すると、ワークシートの全セルが取得される。

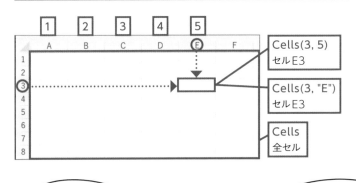

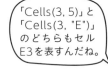

「Cells(3, 5)」と「Cells(3, "E")」のどちらもセルE3を表すんだね。

「セルE3」の「E3」は「列行」の順番だけど、Cellsプロパティの引数は反対の「行列」の順になるから注意してね！

Cellsプロパティでは、全セルか単一のセルしか取得できません。セル範囲を取得したい場合は、Rangeプロパティと組み合わせます。Rangeプロパティの引数Cell1に始点のセル、引数Cell2に終点のセルを指定すると、セル範囲を取得できます。

さて、次のコードを実行するとどうなるか、考えてみてください。

```
Cells(2, 1).Value = "No"
Cells(2, 2).Value = "顧客名"
Range(Cells(2, 1), Cells(2, 2)).Font.Bold = True
           始点          終点
```

練習用ファイル ▶ 15-04-01_完成.xlsm

「Cells(2, 1)」はセルA2、「Cells(2, 2)」はセルB2、「Range(Cells(2, 1), Cells(2, 2))」はセルA2～B2のことです。コードを実行すると、下図のようになります。

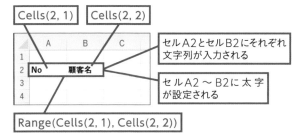

セルの位置が決まっている場合、「Range("A2")」「Range("A2:B2")」のように**Rangeプロパティ**を使用するほうが簡単です。しかし、行番号と列番号をそれぞれ変数で操作するようなマクロでは、「Cells(変数A, 変数B)」のように引数に数値型の変数をそのまま指定できる**Cellsプロパティ**が断然便利です。引数が数値なので、「Cells(変数A, 変数B + 1)」のように単純な加減算で隣のセルや下のセルを簡単に取得できるのもメリットです。

5 行や列を取得する

行や列を操作するときのために、**Rowsプロパティ**と**Columnsプロパ
ティ**を紹介します。194ページで紹介したRangeプロパティでも行や
列を取得できますが、RowsプロパティとColumnsプロパティは引数
に数値を指定して行や列を取得できることが特徴です。

書式 Rowsプロパティで行を表すRangeオブジェクトを取得する

オブジェクト.Rows([RowIndex])

●指定項目

オブジェクト：WorksheetオブジェクトやRangeオブジェクトを指定。

RowIndex：行番号の数値を次表の形式で指定。省略した場合は、全行が取
得される。

●Rowsプロパティの記述例

記述例	説明
Rows	全行
Rows(2)	行2
Rows("2:4")	行2〜4
Range("B2:D5").Rows(2)	セルB3〜D3（セルB2〜D5の2行目）

書式 Columnsプロパティで列を表すRangeオブジェクトを取得する

オブジェクト.Columns([ColumnIndex])

●指定項目

オブジェクト：WorksheetオブジェクトやRangeオブジェクトを指定。

ColumnIndex：列番号の数値かアルファベットを次表の形式で指定。省略
した場合は、全列が取得される。

●Columnsプロパティの記述例

記述例	説明
Columns	全列
Columns(2) Columns("B")	列B（ワークシートの2列目）
Columns("B:D")	列B ～ D
Range("B2:D5").Columns(2)	セルC2 ～ C5（セルB2 ～ D5の2列目）

プロパティの前にWorksheetオブジェクトを指定すると、指定した
ワークシートの行や列が取得されます。指定を省略した場合は、アクティ
ブシートの行や列が取得されます。

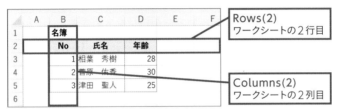

Rows(2)
ワークシートの2行目

Columns(2)
ワークシートの2列目

プロパティの前にRangeオブジェクトを指定した場合は、指定したセ
ル範囲の行や列が取得されます。「表の1行目」「表の2列目」のように、
表を行単位や列単位で処理する場合に必ず使用する、使用頻度の高い記
述方法なので、ぜひ覚えてください。

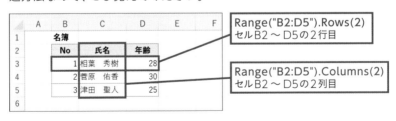

Range("B2:D5").Rows(2)
セルB2 ～ D5の2行目

Range("B2:D5").Columns(2)
セルB2 ～ D5の2列目

ちなみに「Rows.Count」で
ワークシートの全行数、
「Columns.Count」でワー
クシートの全列数が求めら
れるよ。

第5章 オブジェクトの取得を極めよう

199

6 【マクロ作成】単票から台帳に転記する

実際にマクロを作成して、LESSONの内容を復習しましょう。

▶作成するマクロ

練習用ファイル ▶ 15-06-01.xlsm

次の処理を行うマクロ[予約登録]を作成して[登録]ボタンに割り当てて
ください。

- [一覧]シートの4行1列目のセルに連番を入力する。連番は、[一覧]
  シートのA列の数値の最大値に「1」を加算して求めること。
- [一覧]シートの4行2列目のセルに本日の日付を入力する。
- [一覧]シートの4行3～6列目のセルに[登録]シートのセルB2～
  B5の値を入力する。
- [登録]シートのセルB2～B5のデータを消去する。
- メッセージボックスに「登録しました。」と表示する。

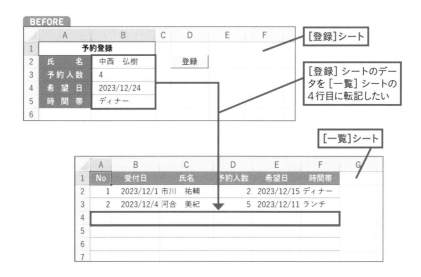

200

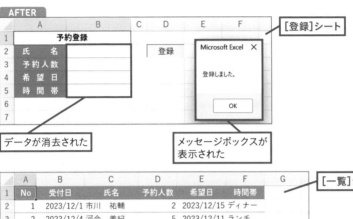

[登録]シート

データが消去された

メッセージボックスが
表示された

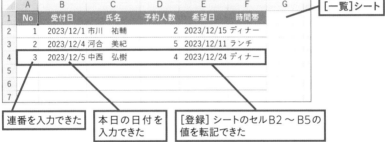

[一覧]シート

連番を入力できた

本日の日付を
入力できた

[登録]シートのセルB2〜B5の
値を転記できた

💡 **HINT**

- [登録]シートのボタンをクリックしてマクロを実行するので、マクロ実行時のアクティブシートは[登録]シートになります。
- [一覧]シートのA列の最大値は、ワークシート関数のMax関数で求めます(→154ページ)。
- A列のセルは、「Range("A:A")」で取得します。
- 4行1列目のセルは「Cells(4, 1)」で取得します。※
- 本日の日付はDate関数で求めます(→149ページ)。
- セルのデータを消去するにはClearContentsメソッドを使用します(→66ページ)。

※4行1列目のセルは「Range("A4")」でも取得できますが、ここでは練習として「Cells(4, 1)」を使用してください。

▶コード

1	Sub␣予約登録()⏎
2	[Tab]Worksheets("一覧").Cells(4,␣1).Value␣=␣[折り返し] [Tab][Tab]WorksheetFunction.Max(Worksheets("一覧").Range("A:A"))␣+␣1⏎
3	[Tab]Worksheets("一覧").Cells(4,␣2).Value␣=␣Date⏎
4	[Tab]Worksheets("一覧").Cells(4,␣3).Value␣=␣Range("B2").Value⏎
5	[Tab]Worksheets("一覧").Cells(4,␣4).Value␣=␣Range("B3").Value⏎
6	[Tab]Worksheets("一覧").Cells(4,␣5).Value␣=␣Range("B4").Value⏎
7	[Tab]Worksheets("一覧").Cells(4,␣6).Value␣=␣Range("B5").Value⏎
8	[Tab]Range("B2:B5").ClearContents⏎
9	[Tab]MsgBox␣"登録しました。"⏎
10	End␣Sub⏎

1	マクロ[予約登録]の開始
2	[一覧]シートのA列の最大値に1を加えて、[一覧]シートの4行1列目のセルに入力する
3	[一覧]シートの4行2列目のセルに本日の日付を入力する
4	[一覧]シートの4行3列目のセルにセルB2の値を入力する
5	[一覧]シートの4行4列目のセルにセルB3の値を入力する
6	[一覧]シートの4行5列目のセルにセルB4の値を入力する
7	[一覧]シートの4行6列目のセルにセルB5の値を入力する
8	セルB2～B5のデータを消去する
9	メッセージボックスに「登録しました。」と表示する
10	マクロの終了

このマクロは、[登録]シートがアクティブシートであることを前提に作成しているから、[一覧]シートをアクティブシートにして実行すると、正しい処理が行われないので注意してね。

LESSON**16**～**17**でこのマクロを改良するよ！

●ワークシート関数のMax関数を使用して列の最大値を求める

[一覧] シートのA列には連番が入力されています。その最大値は、ワークシート関数のMax関数で求められます。Max関数は、引数に指定したRangeオブジェクトの中から、数値データの最大値を求める関数です。A列には「No」という文字列も含まれますが、Max関数では文字列を無視します。

```
WorksheetFunction.Max(Worksheets("一覧").Range("A:A"))
       最大値を求める関数              [一覧]シートのA列
```

マクロの実行前のA列の最大値は「2」なので、Max関数の戻り値は「2」になります。その戻り値に「1」を加えて、4行1列目のセルに入力すれば、連番が入力されます。

```
Worksheets("一覧").Cells(4, 1).Value = _ 折り返し
                  4行1列目のセル
  WorksheetFunction.Max(Worksheets("一覧").Range("A:A")) + 1
                  A列の最大値「2」
```

A列の数値の最大値は「2」となる

連番を入力できた

連番の続きの番号は「連番の最大値＋1」で求められるんだね！

第5章 オブジェクトの取得を極めよう

203

- プロパティには、値取得型とオブジェクト取得型がある。
- Rangeプロパティはセル番号からセルを取得できる。
- Cellsプロパティは行番号と列番号からセルを取得できる。
- Rowsプロパティは行番号から行を取得できる。
- Columnsプロパティは列番号から列を取得できる。

STEP UP!

「Range("1:3")」と「Rows("1:3")」の違い

「Range("1:3")」と「Rows("1:3")」はどちらも行1〜3を表しますが、「Range("1:3")」は「行1〜3のすべてのセル」、「Rows("1:3")」は「行1〜3のすべての行」という意味です。

次のコードを実行すると、その違いがわかります。「**Count**」は**要素数を求めるプロパティ**です。

```
MsgBox "Range：" & Range("1:3").Count _ [折り返し]
    & vbCrLf & "Rows：" & Rows("1:3").Count
```

練習用ファイル ▶ 15-06-02_完成.xlsm

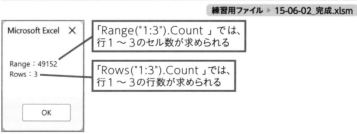

「Range("1:3").Count」では、
行1〜3のセル数が求められる

「Rows("1:3").Count」では、
行1〜3の行数が求められる

同様に、「Range("A:B")」は「列A〜Bのすべてのセル」、「Columns("A:B")」は「列A〜Bのすべての列」を表します。

STEP UP!

「Cells(1, 1)」に入力候補が表示されない

VBEで「range(」と入力すると、VBAで定義されたRangeプロパティの書式が現れ、末尾に「As Range」と表示されます。これは、RangeプロパティによってRangeオブジェクトが取得されることを示しています。一方、「cells(」と入力したときの書式には「As Range」は表示されません。Cellsプロパティによって実際に取得されるのはRangeオブジェクトなのですが、VBAで明確に「Range」と定義されているわけではないことを示しています。

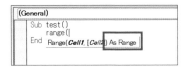 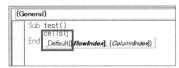

そのため、「Range("A1").」と入力したときに表示されるRangeオブジェクトのプロパティ・メソッドの入力候補リストが、「Cells(1,1)」の入力時には表示されません。

ところでよく見ると、Cellsプロパティの書式に「_Default」の文字が見えますね。実は、引数RowIndexと引数ColumnIndexは、VBAの定義上はCellsプロパティではなく、VBE上には表示されない「_Default」というプロパティの引数なのです。普段プログラミングをするうえで、引数RowIndexと引数ColumnIndexをCellsプロパティの引数と考えて問題ないのですが、厳密にはCellsプロパティの引数ではなく、さらに「_Default」プロパティが「Range」として定義されていないため、「Cells(1,1)」に入力候補リストが表示されないのです。なお、「Cells.」と入力すれば入力候補リストが表示されるので、リストを使用してから、そのあとで引数の「(1,1)」を追加してもよいでしょう。

第5章 オブジェクトの取得を極めよう

オブジェクトを取得するメソッド

メソッドの中には、関数のように**戻り値を戻すタイプ**があります。その中には、**オブジェクトを戻り値とするもの**があります。例えば、ワークシートの追加を行うWorksheetsコレクションのAddメソッドです。次のように記述すると、1番目のワークシートの前に（左側に）新しいワークシートを追加できます。

```
Worksheets.Add Before:=Worksheets(1)
```

Addメソッドの戻り値は、追加した新しいワークシートです。コードの中で戻り値を取得しない場合は、上のように引数をカッコで囲みません。

しかし、戻り値を取得する場合は、引数をカッコで囲む必要があります。VBA関数と同じですね。

次のコードは、戻り値となるWorksheetオブジェクトのNameプロパティを使用して、新しいワークシートを追加すると同時にシート名を設定しています。戻り値を取得するので、引数をカッコで囲みます。

戻り値を取得する場合は引数をかっこで囲む

```
Worksheets.Add(Before:=Worksheets(1)).Name = "集計"
```
オブジェクト　　　　　　　　　　　　プロパティ

LESSON 16
Withステートメント、オブジェクト変数
オブジェクトの記述を簡略化しよう

 裕太くん、南通り商店街の八百屋でリンゴを買ってきて。

 OK！　……　ただいま、買ってきたよ。

 お帰り！　あと、南通り商店街の肉屋でささみを買って！

 えぇ！　**商店街にいるときに連絡ほしかったよ！**

 ゴメン。同じ商店街のお店なら、**まとめて買い物したほうが効率的**だったね。**Withステートメントと同じ**だ。お詫びに、今日はWithステートメントを教えるよ。

 Withステートメントって何？

 いちいち家に戻らずに、**商店街の入り口に待機して次に行くお店の指示を待つ**、それがWithステートメントさ！

1 Withステートメントで記述を簡略化する

次のコードを見てください。1番目のワークシートのセルA1の太字を
解除し、文字配置を［標準］にし、データを消去するコードです。コード
の中に「Worksheets(1).Range("A1")」が3回記述されています。つ
まり、「Worksheets(1).Range("A1")」（1番目のワークシートのセル
A1)の取得を3回行っているということです。

```
Worksheets(1).Range("A1").Font.Bold = False
Worksheets(1).Range("A1"). _ 折り返し
  HorizontalAlignment = xlGeneral
Worksheets(1).Range("A1").ClearContents
```

練習用ファイル ▶ 16-01-01_完成.xlsm

オブジェクトの取得は、加減算などの計算に比べると、コンピューター
にとって負担がかかります。**1回にまとめて効率化**したいものです。そ
れを実現するのが、**Withステートメント**です。

> **Withステートメント**
>
> With オブジェクト
> 　　（コードから「オブジェクト」を省略できる）
> End With

「With」に続けてオブジェクトを記述すると、「**With**」から「**End With**」
までの間は、「**オブジェクト**.プロパティ」「**オブジェクト**.メソッド」の「**オ
ブジェクト**」を省略して、「.プロパティ」「.メソッド」と記述できます。オ
ブジェクトは、「With オブジェクト」の行で1回だけ取得されます。

前述のコードを、Withステートメントを使用して書き直すと、以下の
ようになります。「With」に続けて「Worksheets(1).Range("A1")」を記
述すると、「End With」までの間の3か所の「Worksheets(1).
Range("A1")」の**記述を省略**できます。その際、もともと
「Worksheets(1).Range("A1")」の後ろにあった「.」（ピリオド）は削除
しないように注意してください。

```
With Worksheets(1).Range("A1")
    Font.Bold = False
    HorizontalAlignment = xlGeneral
    ClearContents
End With
```

練習用ファイル ▶ 16-01-02_完成.xlsm

上のコードでは、「Worksheets(1).Range("A1")」の取得は最初に1回
だけ行われます。そのあとは、「Worksheets(1).Range("A1")」を取得
してスタンバイしているところから処理できるので、**処理効率が上がり
ます。**

と言っても、本書で作成するマクロでは、体感できるほどの速度の変化
はありません。むしろ、「Worksheets(1).Range("A1")」の入力が1回
で済むことのほうが大きなメリットかもしれませんね。

同じオブジェクトを何度も使う場合に便利な仕組みをもう1つ紹介します。「**オブジェクト変数**」です。

LESSON**11**で学習した変数は、数値や文字列などの値を入れるものでした。それに対してオブジェクト変数は、その名のとおり**オブジェクトのための変数**です。変数宣言と代入のコードは以下のとおりです。

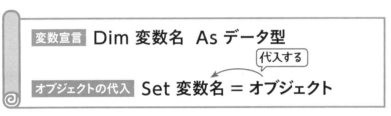

オブジェクト変数の変数宣言は、値用の変数と同様に、Dimステートメントを使用します。命名規則も値用の変数と同じです。

データ型には、オブジェクト型を使います。例えば、Worksheetオブジェクト用の変数は「Worksheet」型、Rangeオブジェクト用の変数は「Range」型、という具合です。入れるオブジェクトが決まっていない場合は、「Object」型で宣言すると、あらゆるオブジェクトを入れることができます。

●オブジェクト変数のデータ型の例

データ型	変数に入れる内容
Workbook	ブック
Worksheet	ワークシート
Range	セル
Object	あらゆるオブジェクト

オブジェクトの呼称がそのままデータ型になるんだね！

オブジェクト変数の代入には、Setステートメントを使用します。値用
の変数の代入は「変数名 ＝ 値」と記述しますが、オブジェクト変数では
先頭に「Set」を付けて「Set 変数名 ＝ オブジェクト」と記述しないとエ
ラーになるので注意してください。

コード
```
Dim ws集計 As Worksheet
```
意味 オブジェクト変数の変数宣言

コード
```
Set ws集計 = ThisWorkbook.Worksheets(1)
```
意味 オブジェクト変数にオブジェクトを代入

練習用ファイル ▶ 16-02-01_完成.xlsm

上のコードでは、「ws集計」という名前のWorksheet型の変数を用意
して、「ThisWorkbook.Worksheets(1)」（マクロの保存先のブック
の先頭のワークシート）を代入しています。代入後は、「ThisWorkbook.
Worksheets(1)」というコードの代わりに「ws集計」と記述できます。

コード
```
ThisWorkbook.Worksheets(1).Range("A1").Value = "集計表"
```
意味 マクロの保存先のブックの先頭のワークシートのセルA1に入力

変数に置き換える
```
ws集計.Range("A1").Value = "集計表"
```

なお、本書では、オブジェクト変数であることが一目でわかるようにオ
ブジェクトを表すアルファベットと日本語を組み合わせた変数名を使用
します。

オブジェクト変数の仕組みを簡単に説明しておきます。値用の変数の場合は、変数に値そのものが入ります。それに対して、オブジェクト変数にはオブジェクトのメモリ上の位置情報が入ります。

値が小さなボールだとしたら、**オブジェクトの情報量は巨大なビル**です。変数の箱にビルを入れる代わりに**住所を入れ**、その住所をもとに**ビルにアクセス**するわけです。代入の書式が値用の変数とオブジェクト変数で異なるのは、代入するものが異なるからなのですね。

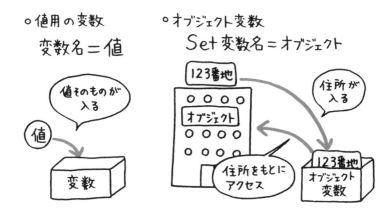

STEP UP!

データ型を指定するメリット

Range型やWorksheet型など、オブジェクト固有のデータ型で宣言した変数は、「変数名.」と入力したときにオブジェクトのプロパティやメソッドの入力候補リストが表示されます。「Cells(1, 1).」や「Worksheets(1).」など、入力時にリストが表示されないオブジェクトでも、オブジェクト変数に代入すれば、リストが表示されるので便利です。ただし、オブジェクト型の総称である「Object」で宣言した場合は、リストは表示されません。

SECTION

3 【マクロの改良】マクロの処理の効率化

実際にマクロを作成して、LESSONの内容を復習しましょう。

▶作成するマクロ

練習用ファイル ▶ 16-03-01.xlsm

LESSON15のSECTION 6で作成したマクロ[予約登録]には、「Worksheets("一覧")」という記述が7か所にあります。Withステートメントを使用して、「Worksheets("一覧")」の取得を1回にまとめてください。

▶コード

> 「Worksheets("一覧")」の取得を
> 1回にまとめたい

BEFORE

```
1  Sub 予約登録()↵
2  [Tab]Worksheets("一覧").Cells(4, 1).Value = [折り返し]
     [Tab][Tab]WorksheetFunction.Max(Worksheets("一覧").Range("A:A")) + 1↵
3  [Tab]Worksheets("一覧").Cells(4, 2).Value = Date↵
4  [Tab]Worksheets("一覧").Cells(4, 3).Value = Range("B2").Value↵
5  [Tab]Worksheets("一覧").Cells(4, 4).Value = Range("B3").Value↵
6  [Tab]Worksheets("一覧").Cells(4, 5).Value = Range("B4").Value
7  [Tab]Worksheets("一覧").Cells(4, 6).Value = Range("B5").Value↵
8  [Tab]Range("B2:B5").ClearContents↵
9  [Tab]MsgBox "登録しました。"↵
10 End Sub↵
```

> 実行結果は、LESSON
> 15のSECTION 6と
> 同じだよ。

第5章
オブジェクトの取得を極めよう

▶コード

AFTER

```
1  Sub␣予約登録()↵
2  [Tab]With␣Worksheets("一覧")↵
3  [Tab][Tab]Cells(4,␣1).Value␣=␣[折り返し]
   [Tab][Tab][Tab]WorksheetFunction.Max(␣Range("A:A"))␣+␣1↵
4  [Tab][Tab]Cells(4,␣2).Value␣=␣Date↵
5  [Tab][Tab]Cells(4,␣3).Value␣=␣Range("B2").Value↵
6  [Tab][Tab]Cells(4,␣4).Value␣=␣Range("B3").Value↵
7  [Tab][Tab]Cells(4,␣5).Value␣=␣Range("B4").Value↵
8  [Tab][Tab]Cells(4,␣6).Value␣=␣Range("B5").Value↵
9  [Tab]End With↵
10 [Tab]Range("B2:B5").ClearContents↵
11 [Tab]MsgBox␣"登録しました。"↵
12 End␣Sub↵
```

1	マクロ[予約登録]の開始
2	[一覧]シートを取得して次の処理を実行する
3	（[一覧]シートの）A列の最大値に1を加えて、（[一覧]シート)の4行1列目のセルに入力する
4	（[一覧]シートの）4行2列目のセルに本日の日付を入力する
5	（[一覧]シートの）4行3列目のセルにセルB2の値を入力する
6	（[一覧]シートの）4行4列目のセルにセルB3の値を入力する
7	（[一覧]シートの）4行5列目のセルにセルB4の値を入力する
8	（[一覧]シートの）4行6列目のセルにセルB5の値を入力する
9	Withステートメントの終了
10	セルB2～B5のデータを消去する
11	メッセージボックスに「登録しました。」と表示する
12	マクロの終了

●コードの途中からも「オブジェクト」を省略できる

Withステートメントを使うと、「End With」までの「オブジェクト」を
すべて省略できます。行頭からだけでなく、コードの途中からも「オブ
ジェクト」を省略できます。

```
Worksheets("一覧").Cells(4, 1).Value = _ [折り返し]
    WorksheetFunction.Max(Worksheets("一覧").Range("A:A")) + 1
```

行のどの位置にある場合でも
「Worksheets("一覧")」を省略できる

第5章
オブジェクトの取得を極めよう

このマクロ、何度
実行しても転記先
はワークシートの
4行目だよ？？

大丈夫。新規データ
が表の最下行に自動
転記されるように、
次のLESSONで
改良するよ。

🐾 このLESSONのポイント

- 同じオブジェクトの取得を1回で済ませるには、Withステートメントを使う。
- オブジェクトを入れる変数を「オブジェクト変数」と呼ぶ。
- オブジェクト変数の代入には、Setステートメントを使う。

臨機応変に セルを取得しよう

今日は**Rangeオブジェクト**の**取得方法**を紹介していくよ。

単一セル、セル範囲、行、列、全セル、……。セルの取得方法は、LESSON**15**で制覇したと思うけど？

LESSON**15**でやったのは、行番号や列番号がわかっている場合の取得方法。今日やるのは、指定したセルを含む表のセル範囲とか、指定したセルの隣のセルとか、**特定のセルを基準にしたセルの取得方法**だよ！

SECTION

1 セルの取得を自動化しよう

これまで学んできた「Range("A1")」「Cells(1, 1)」などの記述方法は、セルの位置がわかっているときに使用する方法です。しかし、VBAで自動化しようとする処理の対象が**いつも決まったセルとは限りません**。例えば、表の新しい行にデータを追加したいとき、新しい行の行番号をどうやって取得すればいいでしょうか？　**行番号がわからないとRangeプロパティやCellsプロパティを使用できません。**

	A	B	C	D	E	F	G
1	No	受付日	氏名	予約人数	希望日	時間帯	
2	1	2023/12/1	市川　祐輔	2	2023/12/15	ディナー	
3	2	2023/12/4	河合　美紀	5	2023/12/11	ランチ	
4	3	2023/12/5	中西　弘樹	4	2023/12/24	ディナー	
5							
6							

表の最終行の行番号を知りたい

Excel操作の自動化を目指すなら、**処理対象のセルを柔軟に取得するテクニック**が不可欠です。それには、セル（Rangeオブジェクト）を取得するためのさまざまなプロパティを知る必要があります。本書では、セルを取得するプロパティとして次の8種類を紹介します。

> ・Rangeプロパティ：セル番号からセルを取得（→194ページ）
> ・Cellsプロパティ：行番号と列番号からセルを取得（→196ページ）
> ・Rowsプロパティ：行を取得（→198ページ）
> ・Columnsプロパティ：列を取得（→198ページ）
> ・Offsetプロパティ：○行△列移動したセルを取得（→218ページ）
> ・Resizeプロパティ：○行△列分のセル範囲を取得（→220ページ）
> ・CurrentRegionプロパティ：表のセル範囲を取得（→222ページ）
> ・Endプロパティ：入力範囲の終端のセルを取得（→232ページ）

第5章 オブジェクトの取得を極めよう

また、下図のような表のパーツを取得するためのプロパティの組み合わせ技も紹介します。

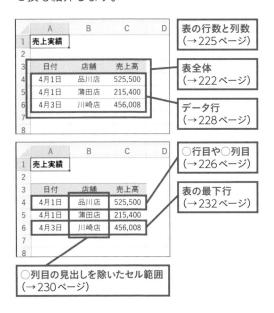

表の行数と列数（→225ページ）

表全体（→222ページ）

データ行（→228ページ）

○行目や○列目（→226ページ）

表の最下行（→232ページ）

○列目の見出しを除いたセル範囲（→230ページ）

SECTION

2 ○行△列離れたセルを取得する

Rangeオブジェクトの**Offsetプロパティ**を使用すると、特定のセルから**○行△列移動したセルを取得**できます。

書式 Offsetプロパティで○行△列離れたセルを取得する

Rangeオブジェクト.Offset([RowOffset], [ColumnOffset])

●指定項目

Rangeオブジェクト：始点となるセルを指定。

RowOffset：移動する行数を指定。上方向は負数、下方向は正数。

ColumnOffset：移動する列数を指定。左方向は負数、右方向は正数。

※移動する距離が「0」の場合は、「0」を省略できる。例えば、「Offset(0,2)」は「Offset(, 2)」、「Offset(2,0)」は「Offset(2)」と記述してもよい。

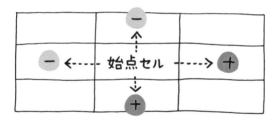

●Offsetプロパティの引数の指定例

(-2, -2)	(-2, -1)	(-2, 0)	(-2, 1)	(-2, 2)
(-1, -2)	(-1, -1)	(-1, 0)	(-1, 1)	(-1, 2)
(0, -2)	(0, -1)	始点セル	(0, 1)	(0, 2)
(1, -2)	(1, -1)	(1, 0)	(1, 1)	(1, 2)
(2, -2)	(2, -1)	(2, 0)	(2, 1)	(2, 2)

「(, 2)」でもよい

「(2)」でもよい

例えば、セルA1を始点として1行下、3列右のセルを取得するには、次
のように記述します。Selectメソッドは、セルを選択するメソッドです。

```
Range("A1").Offset(1, 3).Select
```
セルA1を始点として1行下3列右のセル

練習用ファイル ▶ 17-02-01_完成.xlsm

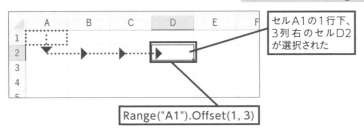

セルA1の1行下、
3列右のセルD2
が選択された

Range("A1").Offset(1, 3)

なお、「Range("A1:B3")」に対して、上のコードと同じ「Offset(1, 3)」
を実行すると、セルA1 ～ B3の3行2列のセル範囲が、1行下、3列右に
移動して、セルD2 ～ E4が選択されます。

```
Range("A1:B3").Offset(1, 3).Select
```

練習用ファイル ▶ 17-02-02_完成.xlsm

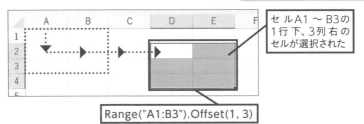

セルA1 ～ B3の
1行下、3列右の
セルが選択された

Range("A1:B3").Offset(1, 3)

> セルをオブジェクト変数に代入して操作する
> とき、「変数.Offset(1)」と記述すると下のセ
> ル、「変数.Offset(0, 1)」と記述すると右隣の
> セルを取得できるよ！

第5章
オブジェクトの取得を極めよう

SECTION

3 ○行△列分のセル範囲を取得する

Rangeオブジェクトの**Resizeプロパティ**を使用すると、特定のセルを始点として、「**○行△列分**」の**セル範囲**を取得できます。

書式 Resizeプロパティで○行△列分のセル範囲を取得する

Rangeオブジェクト.Resize([RowSize], [ColumnSize])

●指定項目

Rangeオブジェクト：始点となるセルを指定。

RowSize：取得するセル範囲の行数を指定。省略した場合は、元のセル範囲と同じ行数になる。

ColumnSize：取得するセル範囲の列数を指定。省略した場合は、元のセル範囲と同じ列数になる。

例えば、セルB2を始点として、3行4列のセル範囲を選択したい場合は、次のように記述します。

```
Range("B2").Resize(3, 4).Select
セルB2を始点として3行4列のセル範囲
```

練習用ファイル ▶ 17-03-01_完成.xlsm

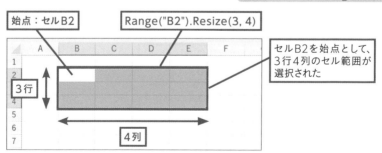

始点：セルB2　　　Range("B2").Resize(3, 4)

セルB2を始点として、3行4列のセル範囲が選択された

3行　　4列

Rangeオブジェクトとしてセル範囲を指定した場合は、セル範囲の先頭のセルが始点となります。したがって、上記のコードの「Range("B2")」の「B2」の代わりに「B2:D3」や「B2:B4」を記述しても、取得されるセル範囲は同じです。

```
Range("B2").Resize(3, 4).Select
Range("B2:D3").Resize(3, 4).Select
Range("B2:B4").Resize(3, 4).Select
```

いずれの場合も、セルB2を始点とした
セル範囲が選択される

なお、Resizeプロパティの引数の指定を省略した場合は、元のRangeオブジェクトと同じ行数、または列数の範囲が取得されます。例えば、「Range("A1:B2").Resize(, 4)」と記述すると、取得される行数は元と同じ2行となり、セルA1〜D2が取得されます。

```
Range("A1:B2").Resize(, 4).Select
```

練習用ファイル ▶ 17-03-02_完成.xlsm

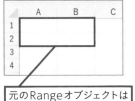

元のRangeオブジェクトは
2行となる

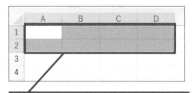

行数の指定を省略したので、取得される
セル範囲は元の行数と同じ2行になる

「Resize(行数, 列数)」でセル範囲のサイズを変更できるんだね！

「Offset(行数, 列数)」でセル範囲を移動できるよ。セットで覚えよう！

第5章 オブジェクトの取得を極めよう

表全体のセル範囲を自動取得する

ショートカットキーの `Ctrl` + `Shift` + `:` キーをご存知でしょうか。空白行と空白列で囲まれたデータの入力範囲を選択するショートカットキーです。

下の図を見てください。セルA3を選択してこのショートカットキーを押すと、セルA3を含むデータの入力範囲が選択されます。このとき選択される、空白行と空白列で囲まれた長方形のセル範囲を「アクティブセル領域」と呼びます。最初に選択するセルは、入力範囲内のセルであれば、どのセルでもかまいません。

練習用ファイル ▶ 17-04-01.xlsm

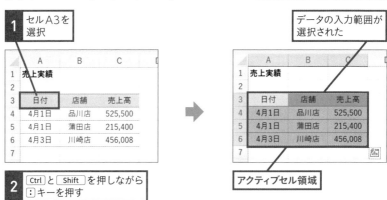

1 セルA3を選択

データの入力範囲が選択された

2 `Ctrl` と `Shift` を押しながら `:` キーを押す

アクティブセル領域

VBAでは、Rangeオブジェクトの**CurrentRegionプロパティ**を使用すると、**アクティブセル領域**を取得できます。表のセル範囲を自動取得したいときに便利なプロパティです。

書式 CurrentRegionプロパティでアクティブセル領域を取得する

Range オブジェクト.CurrentRegion

セルA3を含む表のセル範囲は、「Range("A3").CurrentRegion」で取得できます。次のコードは、セルA3を含む表のセル範囲を取得して、取得した範囲に中央揃えを設定するものです。

> **コード**
> ```
> Range("A3").CurrentRegion.HorizontalAlignment = xlCenter
> ```
> **意味** セルA3を含む表のセル範囲に中央揃えを設定する

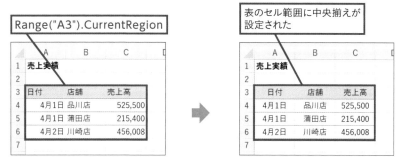

Range("A3").CurrentRegion

表のセル範囲に中央揃えが設定された

なお、表に隣接するセルに表のタイトルやメモ書きなどを入力すると、その行や列を含めた長方形のセル範囲がアクティブセル領域となり、表の範囲を正しく取得できません。CurrentRegionプロパティを使用する場合は、表の隣のセルに何も入力しないようにしましょう。

隣接するセルに入力すると、そのセルを含めた長方形の範囲が取得される

日次売上表や在庫表、売上実績などはデータ数が頻繁に変化しますが、CurrentRegionプロパティを使用すれば、いつでもマクロの実行時点での表のセル範囲を自動で取得できるので便利です。

第5章 オブジェクトの取得を極めよう

SECTION

5 表の行数、列数を取得する

ここからは、表のさまざまなパーツを取得する方法を見ていきます。ここで紹介する方法は、表のセル範囲を**CurrentRegion**プロパティで取得することを基本にしています。表に隣接するセルに何らかのデータが入力されていたり、表の中に空白行や空白列があると正しく取得できないので注意してください。

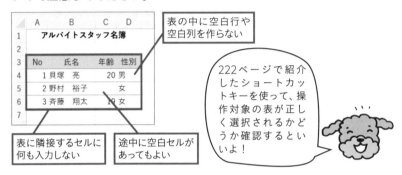

また、ここでは表がセルA3から始まることを前提にコードを紹介しますが、コード中の「Range("A3")」の「A3」の部分を変えれば、先頭セルが異なる表にも対応できます。

まず、セルA3から始まる表の行数と列数を求めてみましょう。表のセル範囲は「Range("A3").CurrentRegion」で取得します。表の全行は**Rows**プロパティ、表の全列は**Columns**プロパティで取得します。

練習用ファイル ▶ 17-05-01.xlsm

```
Range("A3").CurrentRegion        表全体のセル範囲を取得

Range("A3").CurrentRegion.Rows    表の全行を取得

Range("A3").CurrentRegion.Columns  表の全列を取得
```

224

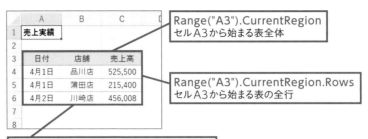

Range("A3").CurrentRegion
セルA3から始まる表全体

Range("A3").CurrentRegion.Rows
セルA3から始まる表の全行

Range("A3").CurrentRegion.Columns
セルA3から始まる表の全列

行数や列数は、Countプロパティで求められます。次のコードでは、セルA3から始まる表の行数と列数をメッセージボックスに表示します。

コード

```
MsgBox "行数:" & Range("A3").CurrentRegion.Rows.Count & _  [折り返し]
  vbCrLf & "列数:" & Range("A3").CurrentRegion.Columns.Count
```

意味 セルA3から始まる表の行数と列数を調べる

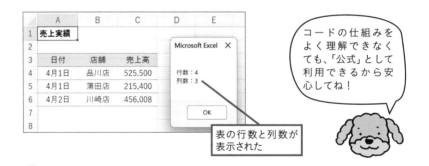

表の行数と列数が表示された

コードの仕組みをよく理解できなくても、「公式」として利用できるから安心してね!

表の行数を求める公式

Range("先頭セル番号").CurrentRegion.Rows.Count

表の列数を求める公式

Range("先頭セル番号").CurrentRegion.Columns.Count

6 表の「○行目」や「○列目」を取得する

Rowsプロパティや Columns プロパティの引数に数値を指定すると、行や列を取得できます。次のコードで、セル A3 から始まる表の 1 行目と1列目に太字を設定してみましょう。

練習用ファイル ▶ 17-06-01.xlsm

コード
```
Range("A3").CurrentRegion.Rows(1).Font.Bold = True
```
> 取得する行の行番号を指定する

```
Range("A3").CurrentRegion.Columns(1).Font.Bold = True
```
> 取得する列の列番号を指定する

意味 セル A3 から始まる表の 1 行目と 1 列目に太字を設定する

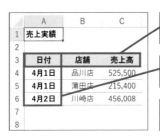

Range("A3").CurrentRegion.Rows(1)
セル A3 から始まる表の 1 行目

Range("A3").CurrentRegion.Columns(1)
セル A3 から始まる表の 1 列目

表の 1 行目と 1 列目に
太字を設定できた

表の○行目を取得する公式

Range("先頭セル番号").CurrentRegion.Rows(行番号)

表の○列目を取得する公式

Range("先頭セル番号").CurrentRegion.Columns(列番号)

※[行番号]は表の上端から数えた行数、[列番号]は表の左端から数えた列数

STEP UP!

Copilotにコードの意味を教えてもらう

部署で使用しているマクロやCopilotが提案してくれたマクロな
どで、難解なコードに出会ったときはCopilotに意味を教えても
らいましょう。その際、「初心者にもわかるように」と伝えると、
かみ砕いた説明が得られやすいでしょう。以下では1行のコードの
意味を聞いていますが、プロンプトに複数行のコードを貼り付けて
意味を聞くこともできます。

●プロンプト

> 次のコードの意味を初心者でもわかるように説明してください。
>
> Range("A3").CurrentRegion.Rows(1).Font.Bold = True

●Copilotの回答例

> このコードは、セルA3を含む表の最初の行の文字を太字にするという意
> 味です。具体的には、以下のような手順で動作します。
>
> Range("A3").CurrentRegion は、セルA3を含む表全体のセル範囲
> を取得します。表とは、空白の行や列で区切られた連続したデータのことで
> す。
> Range("A3").CurrentRegion.Rows(1) は、表の最初の行を取得し
> ます。Rows(1) は、1行目を表す引数です。
> Range("A3").CurrentRegion.Rows(1).Font.Bold = True は、
> 表の最初の行の文字フォントを太字に設定します。Font.Bold = True
> は、太字にするという命令です。
>
> 以上のように、このコードは、表の最初の行の文字を太字にするという意味
> です。

見出し行を除いたデータ行全体を取得する

先頭行の見出しを除いた2行目以降のセル範囲を取得したいことがあります。表がセルA3から始まる場合、取得したい範囲の始点は1行下のセルA4になります。また、取得したい範囲の行数は、表の行数から1を引いた数値です。取得したい範囲の列数は、表の列数と同じです。

練習用ファイル ▶ 17-07-01.xlsm

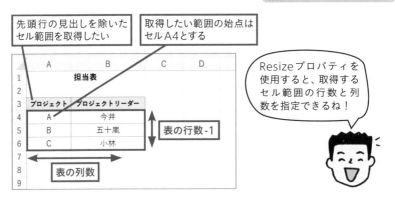

目的のセル範囲を取得するには、セルA4を始点として、Resizeプロパティの引数RowSizeに「表の行数 - 1」、引数ColumnSizeに「表の列数」を指定します。

ところで、セルA4は表の先頭セルであるセルA3の1行下のセルなので、Offsetプロパティを使用して「Range("A3").Offset(1)」と記述できます。これを当てはめると、上記のコードは次のようになります。

```
Range("A3").Offset(1).Resize(表の行数-1, 表の列数)
```
表の先頭　　　　　1行下　　　　　取得したい　取得したい
セル　　　　　　　　　　　　　　　範囲の行数　範囲の列数

次のコードでは、見出し行以外のデータを消去します。

コード

```
Dim 行数 As Long        表の行数
Dim 列数 As Long        表の列数
行数 = Range("A3").CurrentRegion.Rows.Count
列数 = Range("A3").CurrentRegion.Columns.Count
```

意味 セルA3から始まる表の行数と列数を求める

コード

```
Range("A3").Offset(1).Resize(行数-1, 列数)._    折り返し
    ClearContents
```

意味 セルA3から始まる表の見出し以外のデータを消去する

第5章
オブジェクトの取得を極めよう

先頭行の見出しを除いた2行目以降の
データを消去できた

Range("A3").Offset(1).Resize(行数 - 1, 列数)
セルA3から始まる表の2行目以降のセル範囲

表の見出しを除いたセル範囲を取得する公式

Range("先頭セル番号").Offset(1).Resize(行数-1,列数)

※［行数］は表の行数、［列数］は表の列数

「○列目」の見出しを除いたセル範囲を取得する

表の特定の列に数式を入力するようなときに、見出しのセルを除いた2
行目以降のセル範囲を取得したいことがあります。ここでは例として、
4列目の2行目以降のセル範囲に数式を入力してみましょう。表がセル
A3から始まる場合、4列目の2行目のセルはセルD4です。セルD4を
始点として**Resizeプロパティ**で「表の行数-1」行1列のセル範囲を取得
すれば、目的のセル範囲を取得できます。　**練習用ファイル ▶ 17-08-01.xlsm**

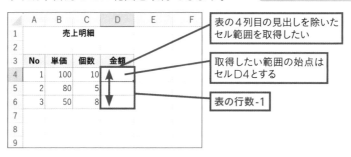

	表の4列目の見出しを除いた セル範囲を取得したい
	取得したい範囲の始点は セルD4とする
	表の行数-1

```
Range("D4").Resize(表の行数-1, 1)
```
取得したい　　　　　　　取得したい　　　取得したい
範囲の始点　　　　　　　範囲の行数　　　範囲の列数

セルD4は、セルA3から1行下3列右の位置にあります。取得する列の
番号(ここでは「4」)を「列番号」という名前の変数で表すと、セルD4は
セルA3の1行下、「列番号-1」列右にあるので、「Range("A3").
Offset(1, 列番号 - 1)」で表せます。

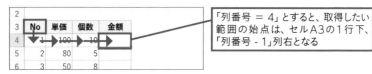

「列番号 ＝ 4」とすると、取得したい
範囲の始点は、セルA3の1行下、
「列番号 - 1」列となる

```
Range("A3").Offset(1, 列番号-1).Resize(表の行数-1, 1)
```
表の先頭　　　1行下　「列番号-1」　　取得したい　取得したい
セル　　　　　　　　　 列右　　　　　範囲の行数　範囲の列数

次のコードでは、セルA3から始まる表の 4列目の2行目以降のセル範囲に数式を入力します。

コード
```
Dim 行数 As Long
Dim 列番号 As Long
列番号 = 4
行数 = Range("A3").CurrentRegion.Rows.Count
```
表の行数

取得する列の列番号

意味 セルA3から始まる表の行数を求める

コード
```
Range("A3").Offset(1, 列番号-1).Resize(行数-1, 1). _
    Formula = "=B4*C4"
```

意味 セルA3から始まる表の[列番号]列目のデータ行に数式を入力する

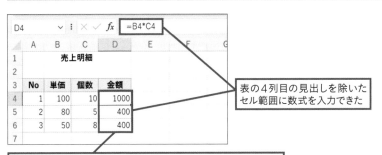

表の4列目の見出しを除いたセル範囲に数式を入力できた

Range("A3").Offset(1, 列番号 - 1).Resize(行数 - 1, 1)
セルA3から始まる表の[列番号]列目の2行目以降のセル範囲

表の「○列目」の見出しを除いたセル範囲を取得する公式
Range("先頭セル番号").Offset(1, 列番号-1). Resize(行数-1, 1)
※ [列番号]は表の左端から数えた列数、[行数]は表の行数

Endプロパティで入力範囲の最終行を取得する

表の行数を求める方法を224ページで紹介しましたが、表の最終行の行番号を求める方法にはもう1つ定番の方法があります。

練習用ファイル ▶ 17-08-02.xlsm

表の最終行の行番号を求める公式

Cells(Rows.Count, 列番号).End(xlUp).Row

「Row」は行番号を求めるプロパティです。「End」は「**Rangeオブジェクト.End(方向)**」の書式で、Rangeオブジェクトを始点として指定した方向にある入力範囲の終端のセルを取得します。例えば表の1列目がデータで埋まっている場合、A列の最終行の行番号は下記のコードで求められます。「Rows.Count」はワークシートの全行数を表すので、「Cells(Rows.Count, 1)」はワークシートの最終行の1列目、つまりセルA1048576を表します。

```
MsgBox Cells(Rows.Count, 1).End(xlUp) . Row
       ─────────────────────────────   ───
       セルA1048576を始点として         行番号
       上方向の終端セル
```

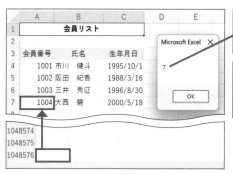

セルA1048576を始点として、上方向の終端セルの行番号が表示された

「会員番号」欄に空欄のセルがある場合は、最終行を正しく取得できない可能性があるので注意する

SECTION

9 【マクロの改良】台帳の新しい行に自動転記

実際にマクロを作成して、LESSONの内容を復習しましょう。

▶ 作成するマクロ

練習用ファイル ▶ 17-09-01.xlsm

LESSON16のSECTION 3で作成したマクロ [予約登録] では、何回登録作業を行っても [一覧] シートの同じ行に転記されます。これを、登録作業を行うごとに次の新しい行に転記されるように改良してください。なお、転記先の行番号を、変数 [入力行] に代入して処理を進めるものとします。

[登録]シート

[登録] シートのデータを [一覧] シートの新しい行に転記したい

[一覧]シート

新しい行にデータを転記できた

マクロを実行するたびに、自動的に表の新しい行にデータが追加される

- 変数[入力行]はLong型で宣言します。
- 入力行の行番号は、セルA1を含む表の行数に「1」を加算した数値です。

▶コード

1	Sub␣予約登録()⏎
2	[Tab]Dim␣入力行␣As␣Long⏎
3	[Tab]With␣Worksheets("一覧")⏎
4	[Tab][Tab]入力行␣=␣.Range("A1").CurrentRegion.Rows.Count␣+␣1⏎
5	[Tab][Tab].Cells(入力行,␣1).Value␣=␣[折り返し] [Tab][Tab][Tab]WorksheetFunction.Max(.Range("A:A"))␣+␣1⏎
6	[Tab][Tab].Cells(入力行,␣2).Value␣=␣Date⏎
7	[Tab][Tab].Cells(入力行,␣3).Value␣=␣Range("B2").Value⏎
8	[Tab][Tab].Cells(入力行,␣4).Value␣=␣Range("B3").Value⏎
9	[Tab][Tab].Cells(入力行,␣5).Value␣=␣Range("B4").Value⏎
10	[Tab][Tab].Cells(入力行,␣6).Value␣=␣Range("B5").Value⏎
11	[Tab]End␣With⏎
12	[Tab]Range("B2:B5").ClearContents⏎
13	[Tab]MsgBox␣"登録しました。"⏎
14	End␣Sub⏎

1	マクロ[予約登録]の開始
2	「入力行」という名前のLong型の変数を用意する
3	[一覧]シートを取得して次の処理を実行する
4	([一覧]シートの)セルA1を含む表の行数に1を加えて、変数[入力行]に代入する
5	([一覧]シートの) A列の最大値に1を加えて、[入力行]行1列目のセルに入力する
6	[入力行]行2列目のセルに本日の日付を入力する
7	[入力行]行3列目のセルにセルB2の値を入力する
8	[入力行]行4列目のセルにセルB3の値を入力する
9	[入力行]行5列目のセルにセルB4の値を入力する

10	[入力行]行6列目のセルにセルB5の値を入力する
11	Withステートメントの終了
12	セルB2〜B5のデータを消去する
13	メッセージボックスに「登録しました。」と表示する
14	マクロの終了

●入力行の行番号は「表の行数 + 1」

[一覧]シートの表はセルA1から始まっているので、新規データの入力
先の行番号は「表の行数 + 1」になります。Withステートメントの中で
「Worksheets("一覧")」の記述を省略するので、先頭の「.」を忘れない
でください。

```
入力行 = ⊙Range("A1").CurrentRegion.Rows.Count + 1
```

●Endプロパティも使用できる

4行目のコードの代わりに、Endプロパティを使用して次のように記述
しても変数[入力行]を求めることができます。

```
入力行 = .Cells(Rows.Count, 1).End(xlUp).Row + 1
```

マクロを実行するたびに、
ワークシートの5行目、
6行目、7行目……、と新
しい行に転記されていく
から確認してね。

新規入力行の取得方法を
覚えたおかげで、汎用性
のあるマクロが作れたん
だね！

🐾 このLESSONのポイント

• Offsetプロパティは基準のセルから○行○列移動したセルを取得。
• Resizeプロパティは基準のセルから○行○列分のセル範囲を取得。
• CurrentRegionプロパティは表の範囲を取得。

EPILOGUE

 Rangeオブジェクトを取得するためのプロパティが、こんなにたくさんあるとは思わなかったよ。でも、公式も教えてもらったし、すぐに応用できそうだ。

 225〜231ページで教えた公式は、全部表の先頭セルを基準にしているよ。

 別の表で公式を使う場合は、その表の先頭セルを公式に当てはめればいいんだね。

 232ページのSTEPUP！で紹介した**表の最終行の行番号を求める公式は、データが必ず入力されている列の列番号を指定する**ことがポイントだよ。

 住所録の「建物」欄とか「備考」欄なんかはデータが入力されているとは限らないから、最終行の取得には向かないね。

 さて、今日の勉強は終わったし、ももちゃんへの手紙を投函しに行こう！

第 6 章

処理を
何度も繰り返そう

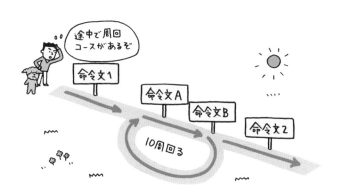

PROLOGUE

 プー助、久しぶりに北通り公園でジョギングしない？

 周回コースがある公園？　行こう行こう！　何週走る？

 最近運動不足だし、10周はしたいなあ。前回は途中で何周走ったか、わからなくなっちゃったから、プー助、しっかりカウントしてね。

 えー、ボクは走るのに集中したい！　走りながら数えるなんて無理だよ、**カウンター変数じゃあるまいし。**

 カウンター変数？

 VBAで繰り返し処理を行うときに、何回繰り返したかをカウントするための変数だよ。最初に「1から10まで」って指定しておけば、自動で10回処理を繰り返せるんだ。

 へぇ、便利だね！　**指定した回数だけ処理を繰り返す**のか。

 うん。ほかにもいろいろなタイプの繰り返し処理があるよ。

 ジョギングで頭と体をリフレッシュさせたら、教えてね。

 OK！　いざ、出発！

18 決まった回数だけ 処理を繰り返す

For 〜 Nextステートメント

このLESSONでは、**もっともシンプルな繰り返し処理**である**For 〜 Next ステートメント**を紹介するよ!

1 制御構造を使って処理を繰り返そう

通常、マクロの処理は上から1行ずつ順番に実行されますが、「**繰り返し処理**」と呼ばれる**制御構造**を使うと、特定の命令文を繰り返し実行できます。繰り返し処理のことを「ループ」と呼ぶこともあります。

```
Sub  マクロ( )
    命令文1
    次の処理を10回繰り返す
        命令文A
        命令文B
    命令文2
End  Sub
```

「命令文A」と「命令文B」の実行が10回繰り返されてから、「命令文2」に進むんだよ!

第6章 処理を何度も繰り返そう

2 For 〜 Nextステートメントで処理を繰り返す

決まった回数だけ処理を繰り返すには、「**For 〜 Nextステートメント**」を使用します。まず「For」のあとに「カウントの条件」として「変数 = 初期値 To 終了値」を指定し、続いて「繰り返す処理」を記述し、最後に「Next」を記述します。

> **For 〜 Nextステートメント1**
> For 変数 = 初期値 To 終了値
>   繰り返す処理
> Next
> 変数が初期値から終了値になるまでの間、処理を繰り返す

For 〜 Nextステートメントは、「**変数が初期値から終了値になるまでの間、処理を繰り返す**」という意味になります。この変数は、実行回数をカウントするためのもので、「**カウンター変数**」と呼ばれます。慣習として小文字の「i」「j」などの変数名が使用されます。

ここでは、カウントの条件として「i = 1 To 3」と指定するケースを見てみましょう。

```
For i = 1 To 3
      繰り返す処理
Next
```

初期値が「1」、終了値が「3」だね！

変数[i]の値が「1」から「3」になるまで「1」「2」「3」と変化しながら、処理が3回繰り返されます。

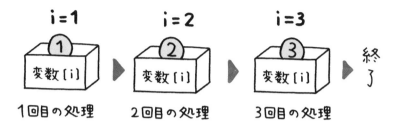

次のコードを見てください。繰り返す処理として、「MsgBox i」が記述されています。これは、変数[i]の値が書かれたメッセージボックスを表示する命令文です。

第6章 処理を何度も繰り返そう

練習用ファイル ▶ 18-02-01_完成.xlsm

このコードを実行すると、変数[i]の値である「1」「2」「3」が書かれたメッセージボックスが順に表示されます。

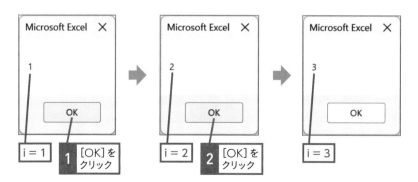

For ～ Nextステートメントでは、特に何も指定しない限り、1回の処理につき変数[i]に加算される数値は「1」になります。この数値を変えたい場合は、For ～ Nextステートメントに「**Step 増分値**」の記述を追加します。「増分値」の部分に、加算する数値を指定するわけです。

For ～ Nextステートメント2
For 変数 = 初期値 To 終了値 Step 増分値
　　繰り返す処理
Next

例えば、カウントの条件を「i = 1 To 5 Step 2」とすると、変数[i]が「1」から「5」になるまで「2」ずつ加算され、「1」「3」「5」と変化します。

```
Dim i As Long
For i = 1 To 5 Step 2
    MsgBox i
Next
```

練習用ファイル ▶ 18-02-02_完成.xlsm

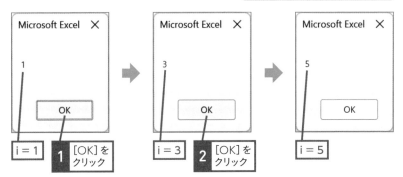

終了値に初期値より小さい数値を指定してもかまいません。その場合は、増分値に負数を指定します。例えば、カウントの条件を「i = 6 To 4 Step -1」に変えると、変数[i]が1回の処理につき「1」ずつ減り、「6」「5」「4」と変化します。

```
Dim i As Long
For i = 6 To 4 Step -1
        MsgBox i
Next
```

練習用ファイル ▶ 18-02-03_完成.xlsm

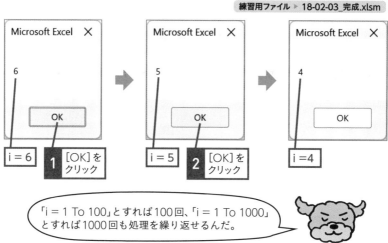

「i = 1 To 100」とすれば100回、「i = 1 To 1000」とすれば1000回も処理を繰り返せるんだ。

STEP UP!

「i = 6 To 4」と指定したらどうなる?

カウントの条件を「i = 6 To 4」と指定した場合、最初から初期値が終了値を超えているので、1回も処理が行われずにFor ～ Nextステートメントが終了します。また、「i = 1 To 6 Step 2」と指定した場合、変数[i]の値が「1、3、5」と変化したあと繰り返し処理が終了し、終了値の「6」は無視されます。

3 【マクロ作成】3行ごとに色を設定する

実際にマクロを作成して、LESSONの内容を復習しましょう。

▶ 作成するマクロ

練習用ファイル ▶ 18-03-01.xlsm

3行ごとに「上半期」「下半期」「○○年計」のデータが入力されている表があります。「○○年計」の行にスカイブルーの塗りつぶしを設定してください。なお、先頭の「2015年計」はワークシートの6行目、最後の「2023年計」は30行目に入力されています。

ワークシートの6行目から30行目まで3行ごとに色が設定された

色の設定にはRGB値が必要だったね。

具体的なRGB値がわからないときはCopilotを活用してみよう。

HINT

- ワークシートの6行目から30行目まで3行ごとに処理を行うので、初期値を「6」、終了値を「30」、増分値を「3」として、For ～ Nextステートメントを実行します。
- 設定対象のセルを変数[i]で表すと、「i行1列」から「i行3列」のセル範囲です。CellsプロパティとRangeプロパティを組み合わせて指定します（→197ページ）。
- スカイブルーの塗りつぶしを設定するには、Colorプロパティを使用します（→122ページ）。

▶コード

1	Sub␣小計行強調()⏎
2	[Tab] Dim␣i␣As␣Long⏎
3	[Tab] For␣i␣=␣6␣To␣30␣Step␣3⏎
4	[Tab][Tab] Range(Cells(i,␣1),␣Cells(i,␣3)).Interior.Color␣[折り返し]
	[Tab][Tab][Tab] =␣RGB(135,␣206,␣235)⏎
5	[Tab] Next⏎
6	End␣Sub⏎

1	マクロ[小計行強調]の開始
2	Long型の変数[i]を用意する
3	変数[i]の値が6から30まで3ずつ加算しながら繰り返す
4	i行1列～i行3列のセルにスカイブルーを設定する
5	For ～ Nextステートメントの終了
6	マクロの終了

For ～ Nextステートメントの終了値を3000に変えれば、3行ごとの塗りつぶしを3000行目まで一瞬で実行できるよ。

面倒な繰り返し作業をマクロで自動化できるんだね！

●増分値を指定して3行ごとに処理を行う

ワークシートの6行目から30行目まで3行ごとに太字を設定したいので、For ～ Nextステートメントのカウントの条件を「i = 6 To 30 Step 3」と記述します。変数[i]は、「6」「9」「12」…「30」と変化します。

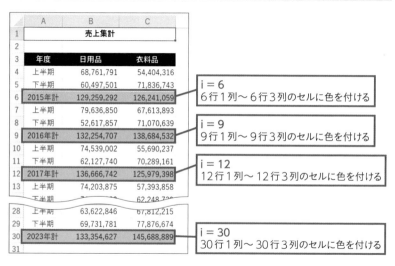

●「i行1列」から「i行3列」のセル範囲を取得する

「i行1列」のセルは、Cellsプロパティの1番目の引数に行番号、2番目の引数に列番号を指定して、「Cells(i, 1)」と表せます。同様に、「i行3列」のセルは、「Cells(i, 3)」と表せます。

また、「Cells(i, 1)」から「Cells(i, 3)」までのセル範囲は、Rangeプロパティの1番目の引数に始点、2番目の引数に終点のセルを指定して、「Range(Cells(i, 1), Cells(i, 3))」と表せます。

```
Range(Cells(i, 1), Cells(i, 3)).Interior.Color _
           i行1列        i行3列
           始点         終点
    = RGB(135, 206, 235)
```

STEP UP!
表の行数に応じて終了値を自動調整する

練習用ファイル ▶ 18-03-02.xlsm

225ページを参考に表の行数を求め、さらに表の行数から最終行の行番号を求めて、For ～ Nextステートメントの終了値に指定すると、表が何行ある場合でも対応できるようになります。今回の例では、表の行数に表の上の2行分を加えた値が終了値となります。

コード
```
Dim i As Long
Dim 終了値 As Long
終了値 = Range("A3").CurrentRegion.Rows.Count + 2
For i = 6 To 終了値 Step 3
    Range(Cells(i, 1), Cells(i, 3)).Interior.Color _
      = RGB(135, 206, 235)
Next
```

このLESSONのポイント

- 回数を数えながら処理を繰り返すには、For ～ Nextステートメントを使う。
- カウントの条件は「変数 = 初期値 To 終了値 Step 増分値」の形式で指定する。

第6章 処理を何度も繰り返そう

ステップ実行で処理の途中経過を確認する

期待した実行結果が得られないときなどに、マクロの処理がどのように進んでいるのかを確認したいことがあります。「**ステップ実行**」を利用すると、**コードを1行ずつ実行**しながら、途中の変数の値を調べたり、処理の経過を確認したりできます。

ステップ実行を行うには、マクロ内にカーソルを置いて、「F8」キーを押します。1回押すごとに、1行分のコードが実行されます。

> マクロの進行状況を確認するために、Excel
> とVBEの画面を並べて表示しておく

	マクロ内をクリックしてカーソルを移動
1	
2	「F8」キーを押す

> ステップ実行が開始された

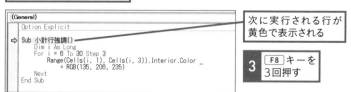

| | 次に実行される行が黄色で表示される |
| 3 | 「F8」キーを3回押す |

ワークシートの6行目の
小計行に色が付いた

4 変数にマウスポインターを
合わせる

変数の値が表示された

F8 キーを押すごとにコードが1行ずつ実行され、
小計行に順に色が付いていく

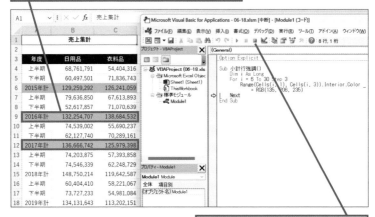

ステップ実行を途中で中止するには、
[リセット]ボタンをクリックする

第6章 処理を何度も繰り返そう

コレクションの要素の数だけ処理を繰り返す

練習用ファイル ▶ 18-03-03.xlsm

For Each 〜 Nextステートメントを使用すると、コレクション
の**要素と同じ数だけ**処理を繰り返せます。開いている全ブック、ブッ
ク内の全ワークシート、指定したセル範囲内の全セル、など、コレ
クション内の各要素に対して処理を繰り返したいときに使います。

書式は以下のとおりです。「オブジェクト変数」の部分には、コレ
クションの要素を代入するためのオブジェクト変数を指定します。

For Each 〜 Nextステートメント

For Each オブジェクト変数 In コレクション
     繰り返す処理
Next

コレクションの要素の数だけ処理を繰り返す

次表は、コレクションとオブジェクト変数のデータ型の指定例です。

処理対象	コレクションの指定例	オブジェクト変数のデータ型
開いている全ブック	Workbooks	Workbook型
ブック内の全ワークシート	Worksheets	Worksheet型
指定したセル範囲の全セル	Range("A1:D4")	Range型
選択範囲の全セル	Selection	Range型

For Each 〜 Nextステートメントでは、コレクションの要素が
インデックス番号順にオブジェクト変数に代入されていきます。代
入されるごとに、繰り返し処理が1回行われます。

例えば、Worksheetsコレクションの場合は、ブック内の全ワークシートが1つずつオブジェクト変数に代入されます。

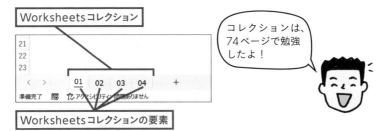

Worksheetsコレクション

Worksheetsコレクションの要素

コレクションは、74ページで勉強したよ！

次のコードは、全ワークシートのシート名の前に「R6-」を追加するものです。 Worksheetsコレクションの要素はワークシートなので、Worksheet型のオブジェクト変数を使用します。

1	Dim␣wsシート␣As␣Worksheet⏎
2	For␣Each␣wsシート␣In␣Worksheets⏎
3	[Tab]wsシート.Name␣=␣"R6-"␣&␣wsシート.Name⏎
4	Next⏎

1	Worksheet型の変数[wsシート]を用意する
2	ブック内の全ワークシートを、1つずつ変数[wsシート]に代入しながら繰り返す
3	「R6-」と変数[wsシート]のシート名を連結して、変数[wsシート]のシート名にする
4	For Each ～ Nextステートメントの終了

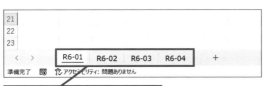

全ワークシートのシート名の前に「R6-」を追加できた

LESSON 19 Do While 〜 Loopステートメント
条件に応じて処理を繰り返す

行数が決まっていない表で繰り返し処理をしたいんだけど、For 〜 Next
ステートメントのカウンター変数の終了値をどう指定したらいいか、困って
いるんだ。

そんなときは、For 〜 Nextステートメントじゃなくて、**Do While 〜
Loopステートメント**を使う手があるよ！

SECTION 1
Do While 〜 Loopステートメントで処理を繰り返す

LESSON**18**で紹介したFor 〜 Nextステートメントは、決まった回数
の処理を繰り返したいときに便利です。しかし、繰り返す回数が事前に
はっきりしないことがあります。そんなときは、**繰り返しの続行条件を
条件式で指定する**「**Do While 〜 Loopステートメント**」が便利です。

Do While 〜 Loopステートメント
Do While 条件式
　　　繰り返す処理
Loop
条件式が成立している間処理を繰り返す

「Do While」のあとに、処理の続行条件となる条件式を記述します。続
いて繰り返す処理を記述し、最後に「Loop」を記述します。

下図のような名簿で、会員名が入力されている行の「会費」欄に「済」と入力するコードを考えてみましょう。

練習用ファイル ▶ 19-01-01.xlsm

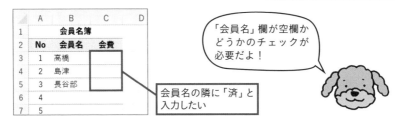

まずは、繰り返し処理の続行条件を考えます。

全体の流れとしては、セルB3から下方向に、セルが空欄かどうかをチェックしながら処理を進めます。空欄でなければ繰り返し処理を続行し、空欄のセルが登場したら繰り返し処理を終了します。

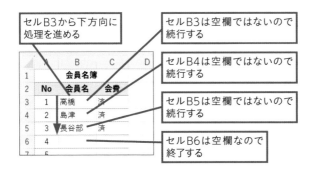

セルが空欄でない間処理を続行したいので、「セルが空欄でない」がDo While ～ Loopステートメントの続行条件となります。

次に、続行条件の具体的な条件式を考えましょう。

空欄かどうかをセルB3から1行ずつ順にチェックしていくわけですが、そのためにはチェック対象のセルの行番号を「3、4、5…」とずらしていく必要があります。そこで、チェックする行の行番号を代入するための変数[i]を使用することにします。

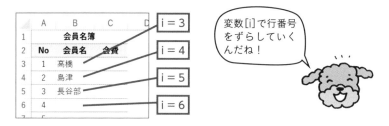

変数[i]で行番号をずらしていくんだね！

変数[i]の初期値は、「会員名」欄の先頭セルの行番号である「3」になります。チェック対象のセルは「i行2列」のセルなので「Cells(i, 2)」と表せます。また、「空欄でない」という条件は、「<> ""」で表せます。

```
Dim i As Long
i = 3
Do While Cells(i, 2).Value <> ""
        繰り返す処理
Loop
```

変数[i]に初期値の「3」を代入

続行条件は、「i行2列」のセルが空欄でない

「<>」は「等しくない」を表す比較演算子だね。

ダブルクォーテーションを2つ重ねて「""」と記述すると、「空の文字列」つまり空欄の意味になるよ。

最後に繰り返す処理を記述します。

「i行3列」のセルに「済」と入力するのはもちろんのこと、**変数 [i] に1を
加算するコードを忘れずに記述**します。このコードを忘れると、変数 [i]
が初期値の「3」のまま変わらないので、条件判定の対象がセルB3に固定
されます。セルB3は空欄ではないので永遠に繰り返し処理が続行され、
無限ループに陥るので注意してください。

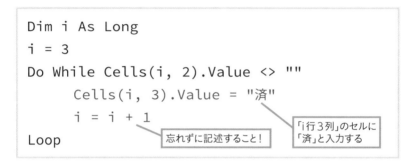

```
Dim i As Long
i = 3
Do While Cells(i, 2).Value <> ""
       Cells(i, 3).Value = "済"
       i = i + 1
Loop
```

「i行3列」のセルに
「済」と入力する

忘れずに記述すること!

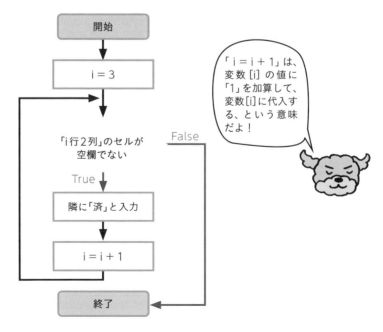

開始

i = 3

「i行2列」のセルが
空欄でない

False

True

隣に「済」と入力

i = i + 1

終了

「i = i + 1」は、
変数 [i] の値に
「1」を加算して、
変数 [i] に代入す
る、という意味
だよ!

コードを実行すると、会員名の隣のセルに「済」と入力されます。今回の会員データは3件ですが、会員数が異なる場合でも会員の数だけ処理が繰り返されて「済」と入力できます。

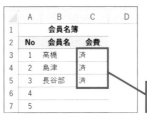

会員名が1つも入力されていない場合は、繰り返し処理は1回も行われず、「済」も入力されないよ！

会員名の隣に「済」と入力できた

SECTION

2 Do While 〜 Loopステートメントの仲間

Do While 〜 Loopステートメントの仲間に、**Do Until 〜 Loopステートメント**、**Do 〜 Loop Whileステートメント**、**Do 〜 Loop Untilステートメント**があります。それぞれ、条件式が続行条件か終了条件か、条件判定が前判定か後判定か、という違いがあります。

続行条件、前判定
Do While **条件式**
　繰り返す処理
Loop

終了条件、前判定
Do Until **条件式**
　繰り返す処理
Loop

続行条件、後判定
Do
　繰り返す処理
Loop While **条件式**

終了条件、後判定
Do
　繰り返す処理
Loop Until **条件式**

「While」は条件式が成立する間処理を繰り返すという意味で、繰り返しの続行条件を表します。それに対して、「Until」は条件式が成立するまでの間処理を繰り返すという意味で、終了条件を表します。

255ページのコードをDo Until ～ Loopステートメントを使用して書き換えてみましょう。　　　　　　　　　　　　練習用ファイル ▶ 19-02-01.xlsm
「While」の場合は「空欄でない」という続行条件でしたが、「Until」の場合は「空欄である」という終了条件になります。

```
Dim i As Long
i = 3
Do Until Cells(i, 2).Value = ""     終了条件は「セルが
                                     空欄である」
      Cells(i, 3).Value = "済"
      i = i + 1
Loop
```

Do ～ Loop WhileステートメントとDo ～ Loop Untilステートメントも基本的に使い方は同じですが、条件判定が後判定なので、繰り返し処理が必ず1度は行われます。前判定の場合は、判定結果によっては1度も処理が実行されないことがあります。この違いを理解しておきましょう。

STEP UP!

無限ループに陥ったときは

無限ループに陥ると、永遠に繰り返し処理が続行されマクロの実行が止まりません。そのようなときは Esc キーを押すか、 Ctrl ＋ Break キーを押してマクロの実行を中止しましょう。

3 【マクロ作成】会費納入状況を1行ずつチェックする

実際にマクロを作成して、LESSONの内容を復習しましょう。

▶作成するマクロ　　　　　　　　　練習用ファイル ▶ 19-03-01.xlsm

「BEFORE」の表では、会費が未納の場合に「会費」欄が空欄になっていま
す。255ページのDo While ～　Loopステートメントのコードを参考
に、「会費」欄が空欄の場合に「未納」を入力するマクロ［未納判定］を作成
してください。

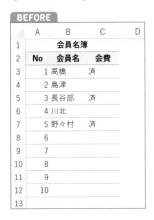

「会費」欄が空欄の場合に
「未納」が入力された

💡 HINT

・ Do While ～　Loopステートメントの中に、Ifステートメントを組み込
んで、「i行3列」のセルが空欄の場合に「未納」と入力します。

▶コード

1	Sub␣未納判定()↵
2	[Tab]Dim␣i␣As␣Long↵
3	[Tab]i␣=␣3↵
4	[Tab]Do␣While␣Cells(i,␣2).Value␣<>␣""↵
5	[Tab][Tab]If␣Cells(i,␣3).Value␣=␣""␣Then↵
6	[Tab][Tab][Tab]Cells(i,␣3).Value␣=␣"未納"↵
7	[Tab][Tab]End␣If↵
8	[Tab][Tab]i␣=␣i␣+␣1↵
9	[Tab]Loop↵
10	End␣Sub↵

1	マクロ[未納判定]の開始
2	Long型の変数[i]を用意する
3	変数[i]に「3」を代入する
4	i行2列のセルが空欄でない間繰り返す
5	もしもi行3列のセルが空欄なら
6	i行3列のセルに「未納」と入力する
7	Ifステートメントの終了
8	変数[i]に「1」を加えて変数[i]に代入する
9	Do While ～ Loopステートメントの終了
10	マクロの終了

第6章 処理を何度も繰り返そう

Do While ～ Loopステートメントの条件式「Cells(i, 2).Value <> ""」は、「i行2列のセルが空欄でない」という意味だよ。

Ifステートメントの条件式「Cells(i, 3).Value = ""」は、「i行3列のセルが空欄である」という意味だね。

●繰り返し処理と条件分岐を入れ子で使う

VBAでは、複数の制御構造を入れ子にして使うことがよくあります。今回は、Do While ～ Loopステートメントの中にIfステートメントを記述しました。入れ子構造では、1つの制御構造の開始行から終了行までの間に、別の制御構造全体が入ります。2組の開始行と終了行をクロスさせないように気を付けましょう。

```
Do While 条件式
    If 条件式 Then
    End If
Loop
```

```
Do While 条件式
    If 条件式 Then
Loop
    End If
```

入れ子構造は、マトリョーシカと同じ。人形の中にすっぽり別の人形を入れる。人形の上下の組み合わせをクロスさせると、うまく機能しないのさ！

🐾 このLESSONのポイント

- 条件式が成立する間処理を繰り返すには、Do While ～ Loopステートメントを使う。
- 条件式が成立するまでの間処理を繰り返すには、Do Until ～ Loopステートメントを使う。

STEP UP!

処理を途中でやめるには

練習用ファイル ▶ 19-03-02.xlsm

「Exitステートメント」を使用すると、繰り返し処理やマクロの処理を途中で終了できます。通常、Ifステートメントの中に「Exit（制御構造）」を記述して、何らかの条件が成立した場合に指定した制御構造を抜け出します。

- ・Exit Do　「Do」で始まる繰り返し処理を終了する
- ・Exit For　「For」で始まる繰り返し処理を終了する
- ・Exit Sub　マクロを終了する

次のコードは、For 〜 Nextステートメントを使用して、セルA5
〜A19の範囲から、セルC2に入力された顧客Noを検索していま
す。For 〜 Nextステートメントの中にIfステートメントを置き、
顧客Noが見つかった場合はメッセージボックスに顧客名を表示し
たのち、「Exit For」を実行してFor 〜 Nextステートメントを終
了します。

第6章 処理を何度も繰り返そう

コード

```
Dim i As Long
For i = 5 To 19
    If Cells(i, 1).Value = Range("C2").Value Then
        MsgBox "顧客名:" & Cells(i, 2).Value
        Exit For
    End If
Next
```

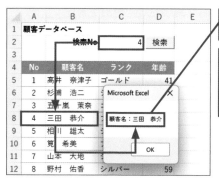

セルC2に入力した顧客No
の顧客名が表示された

セルC2に入力した顧客Noが
セルA5 〜 A19の中にない場
合は、For 〜 Nextステート
メントは最後の回まで実行して
終了する

EPILOGUE

 Excelの機能を実行するための文型を覚えている？

 もちろん！ 「**オブジェクト.プロパティ ＝ 設定値**」と「**オブジェクト.メソッド 引数**」の**2種類**だったね。

 そう。その2種類の文型をマスターすれば、Excelの機能のほとんどをVBAで実行できる。だけど、その2種類を並べただけのマクロでは、コードを上から順に1行ずつ実行するだけの単純な処理しかできない。

 その実行順を制御するのが、**条件分岐や繰り返し処理などの制御構造**だね！ ユーザーが「はい」と答えた場合にだけデータを消去する、表の3行ごとに色を設定する、なんていう処理を記述できるようになった。

 変数や関数といった便利な仕組みも覚えたし、初級レベルの文法レッスンは以上をもって終了だ！ おめでとう！

 ありがとう、プー助！

 次回からは、より実践的な内容を学んで**応用力**を養おう。

第 **7** 章

CSVデータをExcelの
表として整形しよう

CSVファイル → 整形 → Excelブック

PROLOGUE

 プー助、VBAのレッスンを始めるきっかけになったボクの仕事のこと覚えている？

 もちろん。各支店から送られてくる売上データ入りのファイルを1つの表にまとめる作業が大変、ってことだったね。

 最近、さらに困ったことが起きている。売上データをExcelのファイルで送ってほしいのに、たまにCSVファイルで送られてくることがあるんだ。

 ふむふむ。

 ExcelでCSVファイルを開いて、表示形式や罫線を設定して表を整形し、Excelブックとして保存し直す作業が面倒で。

 これはVBAの出番だね。「CSVファイルを開く」「表を整形する」「Excelブックとして保存する」という一連の作業をまるっとVBAで自動化しよう！

[ファイルを開く]ダイアログボックス

CSVファイルを開いて ブック形式で保存する

このレッスンでは、CSVファイルをExcelで開いて、そのままブック形式 で保存するマクロを作るよ。ファイルの取り扱いのコードは、いろんなオブ ジェクトが絡むから複雑。コードの仕組みが理解できない場合は、コード を公式として使ってみるところから始めよう。

SECTION

CSVファイルとは

CSV（Comma Separated Values、拡張子「.csv」）ファイルは、コン マ区切りのテキストファイルです。データがコンマ「,」で区切って入力さ れているだけで、数式や書式などは含まれません。CSVファイルを Excelで開いた場合はコンマを確認できませんが、メモ帳を起動して、 [ファイル]メニューの[開く]からCSVファイルを開くと、データが区 切られている様子を確認できます。なお、メモ帳は、[スタート]メニュー をクリックして[すべてのアプリ]-[メモ帳]から起動します。

CSVファイル

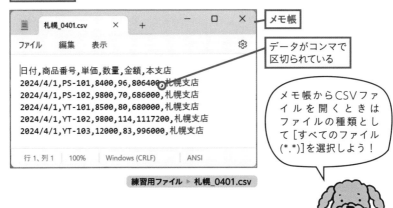

練習用ファイル ▶ 札幌_0401.csv

この章で作成するマクロの全体像を確認しておきましょう。まず、
ExcelでCSVファイルを開きます（①）。すると、コンマで区切られた各
データが1つずつセルに表示されます。書式や数式を整え（②）、Excel
ブック形式で保存します（③）。このLESSONでは①と③の処理を作成
します。

①ExcelでCSVファイルを開く

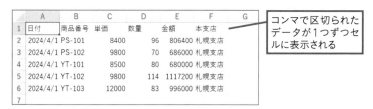

コンマで区切られた
データが1つずつセ
ルに表示される

②書式と数式を整える

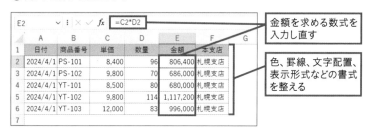

金額を求める数式を
入力し直す

色、罫線、文字配置、
表示形式などの書式
を整える

③Excelブック形式で保存する

CSVファイルと同じ
フォルダーにExcel
ブック形式で保存する

3 [ファイルを開く]ダイアログボックスを表示する

ここでは［ファイルを開く］ダイアログボックスを使用して、開くCSV
ファイルをユーザーに選択してもらえるようにします。VBAで［ファイ
ルを開く］［名前を付けて保存］などのダイアログボックスを使用するに
は、**FileDialogオブジェクト**を使用します。

書式 FileDialogプロパティでFileDialogオブジェクトを取得する

Applicationオブジェクト**.FileDialog**(FileDialogType)

●指定項目

Applicationオブジェクト：「Application」を指定。

FileDialogType：ダイアログボックスの種類を下表の定数で指定する。

●ダイアログボックスの主な種類

定数	説明
msoFileDialogOpen	［ファイルを開く］ダイアログボックス
msoFileDialogSaveAs	［名前を付けて保存］ダイアログボックス

「FileDialog(**msoFileDialogOpen**)」なら［ファイルを開く］ダイア
ログボックス、「FileDialog(**msoFileDialogSaveAs**)」なら［名前を付
けて保存］ダイアログボックスというように、引数の指定に応じてファ
イルダイアログの種類が決まります。

実際に画面上にファイルダイアログを表示するには、FileDialogオブ
ジェクトの**Show**メソッドを使用します。

書式 ファイルダイアログを表示する

FileDialogオブジェクト.Show

```
コード
Application.FileDialog(msoFileDialogOpen).Show
     [ファイルを開く]ダイアログボックス        表示する
```

練習用ファイル ▶ 20-03-01_完成.xlsm

上記のコードを実行して[ファイルを開く]ダイアログボックスを表示し、適当なファイルを選択して[開く]をクリックしてみてください。

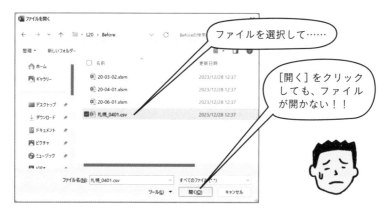

[開く]をクリックすると[ファイルを開く]ダイアログボックスが閉じますが、そのあと何も起きませんね。[ファイルを開く]ダイアログボックスの[開く]や、[名前を付けて保存]ダイアログボックスの[保存]がクリックされたときに実際にファイルを開いたり保存したりするには、そのためのコードをマクロに組み込む必要があります。使用するのは、**Execute**メソッドです。

書式 ファイルダイアログで[開く]や[保存]を実行する

FileDialogオブジェクト.Execute

さて、Showメソッドの話に戻ります。Showメソッドは戻り値を返すメソッドです。[開く]や[保存]がクリックされた場合は「-1」、**[キャンセル]がクリックされた場合は「0」が返されます。**

今回は [キャンセル] がクリックされた場合に、それ以降のすべての処理を中止することにします。つまりはShowメソッドの戻り値が「0」の場合にマクロを即座に終了します。**マクロの途中でマクロを終了する**には、260ページで紹介した「Exit Sub」を使用しましょう。

以下のコードを書いてみましょう。[ファイルを開く] ダイアログボックスでユーザーが選んだファイルを開く場合の公式です。まず、WithステートメントでFileDialogオブジェクトを取得します。次のIfステートメントの条件式「**.Show = 0**」には、「ファイルダイアログを表示する」「その戻り値が0であるかどうか判定する」という2つの役割があります。戻り値が0の場合はその場でマクロを終了するので、「End If」以降の処理は[開く]がクリックされた場合にだけ実行されます。

練習用ファイル ▶ 20-03-02.xlsm

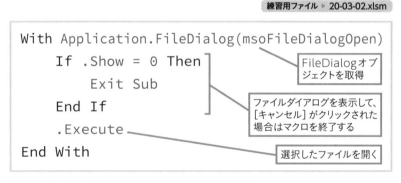

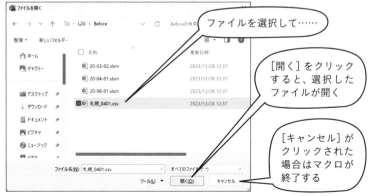

開くファイルの種類を絞り込む

下図を見てください。[ファイルを開く] ダイアログボックスの右下にある [ファイルの種類] 欄です。Windowsの設定で拡張子を表示している場合 (→33ページ) は [テキストファイル(*.prn;*.txt;*.csv)] のように項目名と拡張子が、表示していない場合は [テキストファイル] のように項目名だけが一覧表示されます。

[ファイルの種類]欄

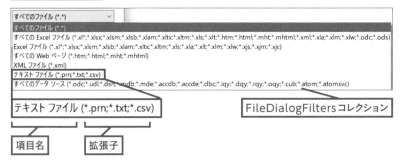

初期設定では上図のように数多くの項目が表示されるので、ユーザーがCSVファイルを選択してくれるとは限りません。想定外のファイルが選択されてしまうと、マクロを正しく運用できません。CSVファイルを確実に選択させるには、[ファイルの種類] のリストに「CSVファイル (*.csv)」だけが表示されるようにします。

ところでこのリストは、VBAでは**FileDialogFiltersコレクション**というオブジェクトで操作します。このコレクションは、FileDialogオブジェクトのFiltersプロパティで取得できます。

書式	FileDialogFiltersコレクションを取得する

FileDialogオブジェクト.Filters

[ファイルの種類] のリストに「CSVファイル（*.csv）」だけが表示されるようにするには、まず、FileDialogFiltersコレクションの**Clearメソッド**を使用して、[ファイルの種類] 欄から既存の項目をすべて削除します。そのうえで、**Addメソッド**の1番目の引数に項目名「"CSVファイル"」、2番目の引数に拡張子「"*.csv"」を指定すると、リストに「CSVファイル（*.csv）」が追加されます。Windowsの設定に関わらず、Addメソッドの引数で拡張子の指定は必須です。

何やら複雑になってきましたが、理解が難しくても下記のコードをまずは公式として使ってみてください。項目名と拡張子を入れ替えれば、その形式のファイルをExcelで開くマクロに応用できます。

練習用ファイル ▶ 20-04-01.xlsm

> **書式** ［ファイルの種類］欄の項目をクリアする
>
> # FileDialogFileters コレクション.Clear

> **書式** ［ファイルの種類］欄の項目を追加する
>
> # FileDialogFileters コレクション.Add(項目名, 拡張子)

```
With Application.FileDialog(msoFileDialogOpen)
    .Filters.Clear ─────────── ［ファイルの種類］欄をクリアする
    .Filters.Add "CSVファイル", "*.csv"
    If .Show = 0 Then                    ［ファイルの種類］欄に
        Exit Sub                         CSVファイルを追加する
    End If
    .Execute
End With
```

［ファイルの種類］欄に[CSVファイル(*.csv)]だけが表示されるようになった

5 ブックに名前を付けて保存する

ブックに名前を付けて保存するには、Workbookオブジェクトの
SaveAsメソッドを使用します。

書式 ブックに名前を付けて保存する

Workbookオブジェクト.SaveAs(FileName, [FileFormat])

引数 [FileName] には、ブックの保存先とファイル名を指定します。
「"C:¥501841¥07syo¥L20¥Afer¥札幌_0401.xlsx"」のようにフォ
ルダーとファイル名を指定すると指定したフォルダーに、「"札幌_0401.
xlsx"」のようにファイル名だけを指定すると**カレントフォルダー**（現在
作業対象になっているフォルダー）に保存されます。Excelの起動時の
カレントフォルダーは [ドキュメント] ですが、起動後にダイアログボッ
クスを使ってファイルを開く操作などを行うと、そのとき操作したフォ
ルダーがカレントフォルダーに変わります。

引数 [FileFormat] には、ファイル形式を指定します。Excelブック形
式（拡張子「.xlsx」）で保存する場合は、「**xlOpenXMLWorkbook**」を指
定してください。省略した場合、保存済みのブックは現在のファイル形
式、新規ブックはExcelブック形式となります。

次のコードでは、アクティブブックをカレントフォルダーに「札幌
_0401.xlsx」という名前でExcelブック形式で保存します。

```
ActiveWorkbook.SaveAs "札幌_0401.xlsx", _
    xlOpenXMLWorkbook
```

SECTION
6 【マクロ作成】CSVファイルを開いて保存する

練習用ファイル ▶ 20-06-01.xlsm

下図の処理を行うマクロを作成してください。ただし、[ファイルを開く]ダイアログボックスで[キャンセル]がクリックされた場合は速やかにマクロを終了するものとします。

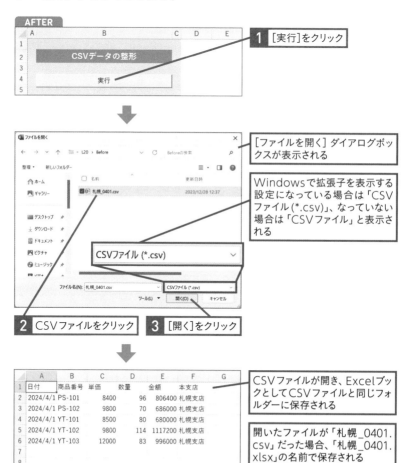

AFTER

1 [実行]をクリック

[ファイルを開く] ダイアログボックスが表示される

Windowsで拡張子を表示する設定になっている場合は「CSVファイル (*.csv)」、なっていない場合は「CSVファイル」と表示される

2 CSVファイルをクリック　3 [開く]をクリック

CSVファイルが開き、ExcelブックとしてCSVファイルと同じフォルダーに保存される

開いたファイルが「札幌_0401.csv」だった場合、「札幌_0401.xlsx」の名前で保存される

▶コード

1	`Sub␣表の整形()`
2	`[Tab]Dim␣ファイル名␣As␣String⏎`
3	`[Tab]With␣Application.FileDialog(msoFileDialogOpen)⏎`
4	`[Tab][Tab].Filters.Clear⏎`
5	`[Tab][Tab].Filters.Add␣"CSVファイル",␣"*.csv"⏎`
6	`[Tab][Tab]If␣.Show␣=␣0␣Then⏎`
7	`[Tab][Tab][Tab]Exit␣Sub⏎`
8	`[Tab][Tab]End␣If⏎`
9	`[Tab][Tab].Execute⏎`
10	`[Tab]End␣With⏎`
11	`[Tab]ファイル名␣=␣Replace(ActiveWorkbook.Name,␣".csv",␣".xlsx")⏎`
12	`[Tab]ActiveWorkbook.SaveAs␣ファイル名,␣xlOpenXMLWorkbook⏎`
13	`End␣Sub⏎`

1	マクロ[表の整形]の開始
2	String型の変数[ファイル名]を用意する
3	[ファイルを開く]ダイアログボックスについて次の処理を実行する
4	[ファイルの種類]をクリアする
5	[ファイルの種類]に「CSVファイル(*.csv)」を追加する
6	ファイルダイアログを表示して[キャンセル]がクリックされた場合、
7	マクロを終了する
8	Ifステートメントの終了
9	選択されたファイルを開く
10	Withステートメントの終了
11	アクティブブックのファイル名の「.csv」を「.xlsx」に置き換えて変数[ファイル名]に代入する
12	アクティブブックを変数[ファイル名]の名前でブック形式で保存する
13	マクロの終了

● Replace関数で拡張子を置換する

9行目のコードでCSVファイルを開くと、開いたファイルがアクティブブックになります。11行目のコードでは、アクティブブックのファイル名の拡張子が置換されます。例えば開いたファイルが「札幌_0401.csv」の場合、「Replace("札幌_0401.csv", ".csv", ".xlsx")」の戻り値の「札幌_0401.xlsx」が変数[ファイル名]に代入されます。

● 開いたファイルと同じ場所に保存される

9行目のコードでCSVファイルを開くと、その保存先がカレントフォルダーになります。12行目のコードで保存先を指定せずにファイル名だけを指定するとカレントフォルダーに保存されるので、結果としてCSVファイルと同じ場所に保存されます。

● ファイルの複数選択

このマクロでは、ファイルダイアログから複数のCSVファイルを選択できますが、複数開いた場合でも、保存されるのはアクティブブックのみです。なお、5行目の次に「.AllowMultiSelect = False」というコードを入れると、ファイルダイアログで選択できるファイルを1つに制限できます。

ちなみにだけど、5行目の次に「.Filters.Add "Excelブック", "*.xlsx"」を入れると、リストに「CSVファイル(*.csv)」と「Excelブック(*.xlsx)」の2行を表示できるよ。

マクロで[ファイルを開く]ダイアログボックスを使えるようになると、プログラムが本格的になるね！

このLESSONのポイント
- ファイルダイアログの操作には、FileDialogオブジェクトを使う。
- ファイルを保存するには、SaveAsメソッドを使用する。

第7章 CSVデータをExcelの表として整形しよう

275

表の書式を整えよう

 前のLESSONでは、CSVファイルを開いて、ブック形式で保存する処理を作成したね。

 このLESSONでは、罫線を引いたり、表示形式を設定したりして、表を整形する処理を追加するよ!

表に罫線を設定する

練習用ファイル ▶ 21-01-01.xlsm

罫線の設定には、**Borders オブジェクト**を使用します。例えば、セルB2 〜 D5の罫線を設定するオブジェクトは、「Range("B2:D5").Borders」と記述します。

書式 Borders オブジェクトの取得

Range オブジェクト.Borders

Borders オブジェクトの **LineStyle** プロパティに線の種類を設定するか、**Weight** プロパティに線の太さを設定すると、セルに格子罫線を引けます。

書式 線の種類を指定して罫線を引く

Borders オブジェクト.LineStyle = 線の種類

書式 線の太さを指定して罫線を引く

Borders オブジェクト.Weight = 線の太さ

●LineStyle（線種）の設定値

設定値	説明	
xlContinuous	実線（既定値）	———
xlDash	破線	------------
xlDashDot	一点鎖線	-·-·-·-
xlDashDotDot	二点鎖線	-··-··-
xlDot	点線	············
xlDouble	二重線	═══
xlSlantDashDot	斜破線	-·-·-
xlNone	線なし	

●Weight（太さ）の設定値

設定値	説明
xlHairline	極細
xlThin	細（既定値）
xlMedium	中太
xlThick	太

次のコードでは、セルB2～C4に中太、セルE2～F4に破線、中太の
格子罫線を引いています。前者のセルには線種を指定していませんが、
罫線の設定のない新しいセルに引く場合、既定の実線が引かれます。

コード
```
Range("B2:C4").Borders.Weight = xlMedium
```
意味 セルB2～C4に中太の格子罫線を設定する

コード
```
Range("E2:F4").Borders.LineStyle = xlDash
Range("E2:F4").Borders.Weight = xlMedium
```
意味 セルE2～F4に破線、中太の格子罫線を設定する

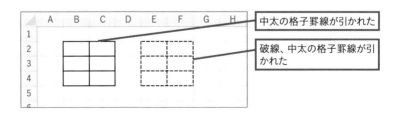

中太の格子罫線が引かれた

破線、中太の格子罫線が引かれた

第7章 CSVデータをExcelの表として整形しよう

277

実はBordersオブジェクトは、セルの上下左右の4辺からなるコレクションです。そのためBordersオブジェクトに対して罫線を引くと、セルの上下左右に引かれるのです。セルの一部だけに罫線を引きたいときは、設定対象を下表の「Index」で指定して、「Borders(Index)」に対して罫線を引いてください。「Borders(Index)」は、Borderオブジェクト（単数形）と呼ばれます。

● 「Index」に設定する定数

設定値	説明	設定値	説明
xlEdgeTop	上端の横線	xlInsideHorizontal	内側の横線
xlEdgeBottom	下端の横線	xlInsideVertical	内側の縦線
xlEdgeLeft	左端の縦線	xlDiagonalDown	右下がりの斜線
xlEdgeRight	右端の縦線	xlDiagonalUp	右上がりの斜線

次のコードを入力し、実行してみましょう。

セルA1～C1の下端に二重線、セルA2～C4の内側に点線の横線、セルA4～C4の下端に実線が引かれます。内側の罫線は複数まとめて引かれます。なお、下端の罫線は複数行の「A1:C4」を指定して引いた場合も、4行目の下にだけ引かれます。

練習用ファイル ▶ 21-01-02.xlsm

```
Range("A1:C1").Borders(xlEdgeBottom).LineStyle = xlDouble
Range("A2:C4").Borders(xlInsideHorizontal).LineStyle = xlDot
Range("A4:C4").Borders(xlEdgeBottom).LineStyle = xlContinuous
```

	A	B	C
1	月	売上数	売上高
2	4月	18	1,800
3	5月	20	2,000
4	6月	19	1,900
5			

➡

	A	B	C
1	月	売上数	売上高
2	4月	18	1,800
3	5月	20	2,000
4	6月	19	1,900
5			

指定した位置に指定した種類の罫線を設定できた

「Range("A1:C4").Borders.LineStyle = xlNone」と記述すると、設定した罫線を消せるよ！

STEP UP!

線種と太さの組み合わせ

線種（LineStyle）が7種類、太さ（Weight）が4種類あるので、単純計算の組み合わせは28種類です。しかし実際に引ける罫線は、Excelの［ホーム］タブの［罫線］-［線のスタイル］から設定できる13種類です。その13種類は下表のとおりです。

⑨ ⑩ ⑪の罫線は、線種と太さの両方の設定が必要です。それ以外の罫線は、新しいセルに設定する場合、黒い文字のほうの設定を行うと、もう一方は自動で緑色の文字の設定になります。既に罫線が設定されているセルに引くときは、既存の罫線の影響を受ける場合があるので、最初に罫線を消してから引くか、もしくは線種と太さの両方を設定するといいでしょう。

		説明	説明	線種	太さ
①	———————	実線	xlContinuous	(xlThin)
②	-------------	極細	(xlContinuous)	xlHairline
③	....	点線	xlDot	(xlThin)
④	– · – · – · –	破線	xlDash	(xlThin)
⑤	— · · — · · —	一点鎖線	xlDashDot	(xlThin)
⑥	··················	二点鎖線	xlDashDotDot	(xlThin)
⑦	═══════	二重線	xlDouble	(xlThick)
⑧	━━━━━	中太	(xlContinuous)	xlMedium
⑨	━ ━ ━ ━ ━	中太の破線	xlDash	xlMedium
⑩	━ · ━ · ━ ·	中太の一点鎖線	xlDashDot	xlMedium
⑪	━ · · ━ · · ━	中太の二点鎖線	xlDashDotDot	xlMedium
⑫	━━━━━	斜破線	xlSlantDashDot	(xlMedium)
⑬	━━━━━	太	(xlContinuous)	xlThick

第7章 CSVデータをExcelの表として整形しよう

練習用ファイル ▶ **21-02-01.xlsm**

数値を入力したセルを選択して、[ホーム] タブの [桁区切りスタイル]
(🔹) をクリックすると、数値が「1,234,567」のように3桁ずつコンマで
区切られます。このようにデータの見た目を変える機能を「表示形式」と
いいます。VBAで表示形式を設定するには、Rangeオブジェクトの
NumberFormatLocalプロパティを使用します。

書式 表示形式を取得／設定するプロパティ

Rangeオブジェクト.NumberFormatLocal

NumberFormatLocalプロパティでは、**書式記号を組み合わせた文字
列を「"」（ダブルクォーテーション）で囲んで設定**します。例えば、数値
を3桁ずつ区切りたい場合は「"#,##0"」を設定します。

```
Range("A1:A3").NumberFormatLocal = "#,##0"
                 表示形式              3桁区切り
```

数値が3桁ずつ
区切られた

書式記号がわからない場合は、あらかじめセルに手動で
表示形式を設定しておき、そのセルを右クリックして[セ
ルの書式設定]を選ぶ。開く画面の[表示形式]タブで
[ユーザー定義]をクリックすると、そのセルに設定した
表示形式の書式記号を[種類]欄で確認できるよ。

この章で作成するマクロ［表の整形］では、［単価］［数量］［金額］の3列に表示形式を設定します。設定対象のセル範囲の先頭セルは、セルC2に固定されています。表のデータ数は定まっていませんが、**CurrentRegionプロパティ**を使用すれば、マクロを実行する時点でのデータ数を取得できます。ここでは表の1行目にある見出しを除いた行数を、変数［データ数］に代入してみましょう。 **練習用ファイル ▶ 21-02-02.xlsm**

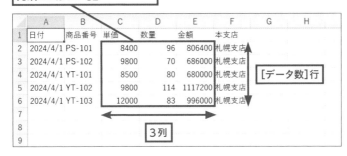

表示形式を設定するセル範囲の先頭セルはセルC2

```
Dim データ数 As Long
データ数 = Range("A1").CurrentRegion.Rows.Count - 1
           セルA1を含む表の行数から1を引く
```

データ数がわかればあとは簡単。セルC2から「データ数」行3列分のセル範囲に表示形式を設定すればいいわけです。それには、基準のセルから「○行△列」分のセル範囲を取得する**Resizeプロパティ**を使います。

```
Range("C2").Resize(データ数, 3).NumberFormatLocal = "#,##0"
セルC2から[データ数]行3列分の範囲
```

CurrentRegionプロパティは222ページ、表の行数を取得する方法は224ページ、Resizeプロパティは220ページで習ったね！

色をわかりやすく設定する

ここまでColorプロパティに色を設定するときは、RGBの成分を数値で指定してきました。RGB値は1677万種類以上ありますが、その中で**よく使われる色には「rgb（色名）」という定数が割り当てられており、定数で色を設定することもできます。**例えばスカイブルーなら「rgbSkyBlue」と表せます。「RGB(135, 206, 235)」もスカイブルーを表しますが、「rgbSkyBlue」のほうがわかりやすいでしょう。

以下のコードを書いて実行し、セルA1の文字を白、塗りつぶしをスカイブルー、下罫線を赤に変えてみましょう。 **練習用ファイル ▶ 21-03-01.xlsm**

文字の色はFontオブジェクト、塗りつぶしの色はInteriorオブジェクト、罫線の色はBordersオブジェクト、またはBorderオブジェクトを対象に設定します。

```
Range("A1").Font.Color = rgbWhite ─白  スカイブルー
Range("A1").Interior.Color = rgbSkyBlue       赤
Range("A1").Borders(xlEdgeBottom).Color = rgbRed
```

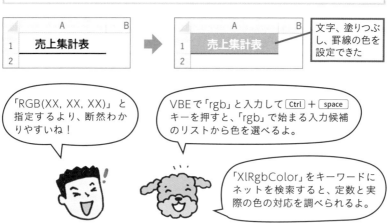

「RGB(XX, XX, XX)」と指定するより、断然わかりやすいね！

VBEで「rgb」と入力して Ctrl + space キーを押すと、「rgb」で始まる入力候補のリストから色を選べるよ。

「XlRgbColor」をキーワードにネットを検索すると、定数と実際の色の対応を調べられるよ。

4 【マクロの改良】表の見栄えを整える

練習用ファイル ▶ 21-04-01.xlsm

LESSON**20**のマクロ［表の整形］では、CSV ファイルを開いてExcel
ブック形式で保存する処理を作成しました。ここでは、CSV ファイルを
開く処理と保存する処理の間に、下図のような書式と数式を設定する処
理を追加してください。マクロが完成したら、実行してみましょう。
CSVファイルを開き、書式と数式が設定され、Excelブックとして保存
されるまでを確認します。

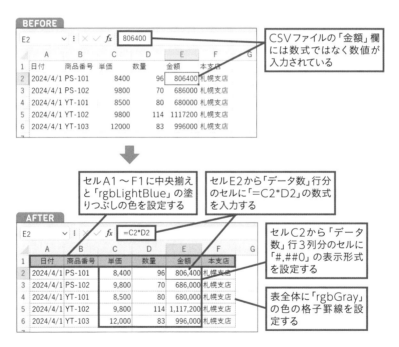

BEFORE

CSVファイルの「金額」欄
には数式ではなく数値が
入力されている

	A	B	C	D	E	F	G
1	日付	商品番号	単価	数量	金額	本支店	
2	2024/4/1	PS-101	8400	96	806400	札幌支店	
3	2024/4/1	PS-102	9800	70	686000	札幌支店	
4	2024/4/1	YT-101	8500	80	680000	札幌支店	
5	2024/4/1	YT-102	9800	114	1117200	札幌支店	
6	2024/4/1	YT-103	12000	83	996000	札幌支店	

E2　806400

セルA1〜F1に中央揃え
と「rgbLightBlue」の塗
りつぶしの色を設定する

セルE2から「データ数」行分
のセルに「=C2*D2」の数式
を入力する

セルC2から「データ
数」行3列分のセルに
「#,##0」の表示形式
を設定する

表全体に「rgbGray」
の色の格子罫線を設
定する

AFTER

E2　=C2*D2

	A	B	C	D	E	F	G
1	日付	商品番号	単価	数量	金額	本支店	
2	2024/4/1	PS-101	8,400	96	806,400	札幌支店	
3	2024/4/1	PS-102	9,800	70	686,000	札幌支店	
4	2024/4/1	YT-101	8,500	80	680,000	札幌支店	
5	2024/4/1	YT-102	9,800	114	1,117,200	札幌支店	
6	2024/4/1	YT-103	12,000	83	996,000	札幌支店	

CSV ファイルには数式を保存できないから、「金額」欄
に入力されているのは「単価×数量」の数式ではなく数
値。あとで単価や数量を修正したときに自動で金額が
変わるように、Excelで数式を入力しておこう。

第7章

CSVデータをExcelの表として整形しよう

283

- 表全体の行数を求めるにはCurrentRegion、Rows、Countプロパ
  ティを使用します(→224ページ)。
- 中央揃えを設定するにはHorizontalAlignmentプロパティを使用し
  ます(→100ページ)。
- 数式を入力するにはFormulaプロパティを使用します(→99ページ)。
- CSVファイルを開いた直後はセルに罫線がないので、Bordersオブジェ
  クトのColorプロパティに色を設定すれば、既定の細い実線が引かれま
  す。

▶コード

1	Sub␣表の整形()↵
2	[Tab]Dim␣ファイル名␣As␣String↵
3	[Tab]Dim␣データ数␣As␣Long↵
4	[Tab]With␣Application.FileDialog(msoFileDialogOpen)↵
5	[Tab][Tab].Filters.Clear↵
6	[Tab][Tab].Filters.Add␣"CSVファイル",␣"*.csv"↵
7	[Tab][Tab]If␣.Show␣=␣0␣Then↵
8	[Tab][Tab][Tab]Exit␣Sub↵
9	[Tab][Tab]End␣If↵
10	[Tab][Tab].Execute↵
11	[Tab]End␣With↵
12	[Tab]データ数␣=␣Range("A1").CurrentRegion.Rows.Count␣-␣1↵
13	[Tab]Range("A1:F1").HorizontalAlignment␣=␣xlCenter↵
14	[Tab]Range("A1:F1").Interior.Color␣=␣rgbLightBlue↵
15	[Tab]Range("E2").Resize(データ数).Formula␣=␣"=C2*D2"↵
16	[Tab]Range("C2").Resize(データ数,␣3).NumberFormatLocal␣=␣"#,##0"↵
17	[Tab]Range("A1").CurrentRegion.Borders.Color␣=␣rgbGray↵
18	[Tab]ファイル名␣=␣Replace(ActiveWorkbook.Name,␣".csv",␣".xlsx")↵
19	[Tab]ActiveWorkbook.SaveAs␣ファイル名,␣xlOpenXMLWorkbook↵
20	End␣Sub↵

1	マクロ[表の整形]の開始
2	String型の変数[ファイル名]を用意する
3	Long型の変数[データ数]を用意する
4	[ファイルを開く]ダイアログボックスについて次の処理を実行する
5	[ファイルの種類]をクリアする
6	[ファイルの種類]に「CSVファイル(*.csv)」を追加する
7	ファイルダイアログを表示して[キャンセル]がクリックされた場合、
8	マクロを終了する
9	Ifステートメントの終了
10	選択されたファイルを開く
11	Withステートメントの終了
12	セルA1を含む表の行数から「1」を引いた値を変数[データ数]に代入する
13	セルA1 〜 F1の文字の配置を中央揃えにする
14	セルA1 〜 F1の塗りつぶしの色をライトブルーにする
15	セルE2から[データ数]行分の範囲に「=C2*D2」を入力する
16	セルC2から[データ数]行3列分の範囲に「#,##0」の表示形式を設定する
17	セルA1を含む表の範囲にグレーの格子罫線を引く
18	アクティブブックのファイル名の「.csv」を「.xlsx」に置き換えて変数[ファイル名]に代入する
19	アクティブブックを変数[ファイル名]の名前でブック形式で保存する
20	マクロの終了

第7章 CSVデータをExcelの表として整形しよう

「CSVファイルを開いて、表を整形して、Excelブックとして保存する」という面倒な作業を自動化できた！！

 このLESSONのポイント

- 罫線の操作にはBordersオブジェクトを使用する。
- 表示形式の設定にはNumberFormatLocalプロパティを使用する。
- 色の設定には「rgb」で始まる定数を使用できる。

Copilotにマクロを書いてもらおう

練習用ファイル ▶ 21-04-02.xlsm

長いマクロを丸ごとCopilotに書いてもらうには、指示を具体的に正確に伝えなければなりません。データの状況や処理内容などを項目別に箇条書きで整理して伝えましょう。ここでは表を整形するマクロを作成してもらいます。

●プロンプト

> 次の動作を行うExcel VBAのマクロを作成してください。
>
> ●処理対象の状況
> ・セルA1 ～ F1に列見出しが入力されている
> ・表の行数は不定
>
> ●マクロの動作
> 1. 表の1行目を除いた行数を「データ数」という変数名の変数に代入する
> 2. セルA1 ～ F1に中央揃えを設定する
> 3. セルA1 ～ F1にライトブルーの塗りつぶしを設定する
> 4. セルE2から「データ数」行分の範囲に「=C2*D2」を入力する
> 5. セルC2から「データ数」行3列の範囲に表示形式「#,##0」を設定する
> 6. 表のセル範囲にグレーの罫線を設定する

●Copilotの回答例

> Excel VBAのマクロを作成することができます。以下のコードをVBEに貼り付けてください。
>
> ```
> Sub Macro1()
>     Dim DataCount As Long
>     DataCount = Range("A2").End(xlDown).Row – 1
>     Range("A1:F1").HorizontalAlignment = xlCenter
>     Range("A1:F1").Interior.Color = RGB(173, 216, 230)
> ```

```
    Range("E2:E" & DataCount + 1).Formula = "=C2*D2"
     Range("C2:E" & DataCount + 1).NumberFormat =
  "#,##0"
    With Range("A1:F" & DataCount + 1).Borders
      .LineStyle = xlContinuous
      .Color = RGB(128, 128, 128)
      .Weight = xlThin
    End With
  End Sub
```

上記のマクロは、表の行数が不定でも正常に動作します。実行する際は、VBEでマクロを新規作成し、上記のコードを貼り付けてください。そのあと、マクロを実行すると、上記の動作が行われます。

複雑な処理を行うマクロの場合、最初から意図通りの回答が得られるとは限りません。ここでは変数名が「DataCount」に英訳されてしまいましたが、このようなときは「変数名を日本語の『データ数』に変えてください。」などと、会話を続けるといいでしょう。

意味がわからないコードがある場合は、その部分のコードを貼り付けて意味を質問することもできます。また、「コードにコメントを付けてください。」と指示してコメントを付けてもらえば、コードとコメントを照らし合わせながら意味を確認できます。

同じ処理を行うのに複数のやり方がある場合は、例えば「Endプロパティの代わりにCurrentRegionプロパティを使用してデータ数を求めてください。」のように、使いたいプロパティを具体的に指示するといいでしょう。

LESSON
22
On Error GoToステートメント
エラーの発生に対処する

うわっ、エラーだ！ 「実行時エラー '9'：インデックスが有効範囲にあり
ません。」?? 意味不明！

エラーメッセージ画面が表示されると、VBAに不慣れな人はどうしたらい
いか迷うよね。エラーの発生が予想されるマクロには、On Error ステー
トメントを組み込んでおくと安心だよ！

SECTION
1 エラー発生時にマクロを安全に終了させる

マクロを正しく作成しても、実行時の動作環境によっては「**実行時エ
ラー**」が発生することがあります。以下のコードを見てください。
[Sheet1]シートの名前を「日程」に変えるマクロです。

練習用ファイル ▶ 22-01-01.xlsm

```
Sub シート名変更()
    Worksheets("Sheet1").Name = "日程"
End Sub
```

コードに文法的な間違いはありません。しかし、ブックに[Sheet1]シー
トがない場合、「実行時エラー '9'：インデックスが有効範囲にありませ
ん。」というエラーメッセージが表示されます。また、ブックに既に「日程」
という名前のワークシートが存在する場合、「実行時エラー '1004'：こ
の名前は既に使用されています。別の名前を入力してください。」という
エラーメッセージが表示されます。

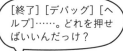
[終了][デバッグ][ヘルプ]……。どれを押せばいいんだっけ？

実行時エラーの対処方法は52ページで説明したけど、確かにエラーが出たら焦って混乱するよね。

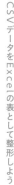
第7章 CSVデータをExcelの表として整形しよう

部署で共有するマクロをVBAの知識がない人が使用する場合、エラーメッセージの画面でどのボタンをクリックしたらいいか戸惑うことでしょう。[デバッグ]をクリックするとVBEが起動するので、誤ってコードを書き換えられてしまうリスクもあります。

エラーが発生したときにこのようなエラーメッセージを表示せずに、スムーズにマクロを終了させるには、マクロに**On Error Gotoステートメント**を組み込みます。

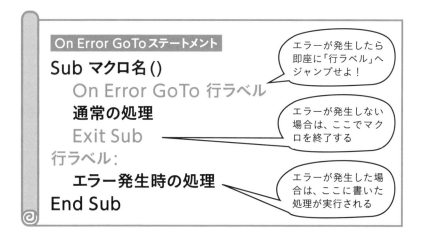

On Error GoTo ステートメント

```
Sub マクロ名 ()
    On Error GoTo 行ラベル
    通常の処理
    Exit Sub
行ラベル:
    エラー発生時の処理
End Sub
```

エラーが発生したら即座に「行ラベル」へジャンプせよ！

エラーが発生しない場合は、ここでマクロを終了する

エラーが発生した場合は、ここに書いた処理が実行される

「通常の処理」の部分にマクロの処理を記述し、「エラー発生時の処理」の部分にエラーが発生したときに実行する処理を記述します。マクロを実行すると、「通常の処理」が行われます。**通常の処理の最中にエラーが発生すると、即座に「エラー発生時の処理」が実行されます。エラーが発生しなかった場合は、「通常の処理」が最後まで行われてマクロが終了**します。なお、「行ラベル」には「エラー処理」「ErrHandler」など、わかりやすい名前を付けてください。

前ページのマクロ [シート名変更] に On Error Goto ステートメントを組み込むと、以下のようになります。

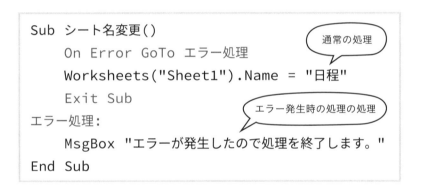

```
Sub シート名変更()
    On Error GoTo エラー処理
    Worksheets("Sheet1").Name = "日程"
    Exit Sub
エラー処理:
    MsgBox "エラーが発生したので処理を終了します。"
End Sub
```

通常の処理

エラー発生時の処理の処理

マクロの実行時に「Sheet1」が存在する場合は、マクロはスムーズに実行され、シート名の「Sheet1」が「日程」に変わります。

マクロの実行時に「Sheet1」が存在しない場合は、次ページのようなメッセージボックスが表示されます。メッセージボックスには [OK] ボタンしかないので、ユーザーは迷わずクリックするでしょう。誤ってコードを書き換えられてしまうリスクもなくなります。

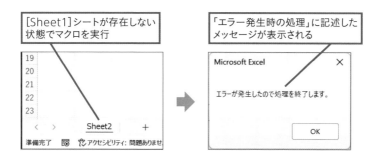

[Sheet1]シートが存在しない
状態でマクロを実行

「エラー発生時の処理」に記述した
メッセージが表示される

ところでExcelが自動で表示するエラーメッセージには、エラー番号と
説明文が表示されます。このエラー番号は「**Err.Number**」、説明文は
「**Err.Description**」で取得できます。

次のように記述してみましょう。独自のメッセージボックスにエラー番
号と説明文を表示できます。これらの情報は、エラーの発生をマクロの
管理者に報告するときや、エラーの原因をCopilotに相談するときなど
に役立ちます。

練習用ファイル ▶ 22-01-02.xlsm

```
MsgBox "エラーが発生したのでマクロを終了します。" _
    & vbCrLf & "エラー番号:" & Err.Number _
    & vbCrLf & "エラー内容:" & Err.Description
```

エラーの意味がわから
なくても、とりあえず
[OK]をクリックすれ
ばいいから操作に迷わ
ずに済むね。

実行時エラーが発生すると、Errオブジェクトにエラー
の情報が設定される。ErrオブジェクトのNumberプ
ロパティとDescriptionプロパティを使うと、それ
らの情報を取得できる仕組みになっているんだよ。

2 【マクロの改良】エラー処理を追加する

練習用ファイル ▶ 22-02-01.xlsm

LESSON 21 のマクロ [表の整形] には、ブックを保存する SaveAs メソッドが含まれています。保存先に同じ名前のブックがあると、上書き保存していいかどうかを確認するメッセージが表示されます。そのメッセージ画面で [いいえ] をクリックすると、SaveAs メソッドが実行できず、実行時エラーが発生します。

マクロにエラー処理を組み込み、実行時エラーの発生時に「エラーが発生したのでマクロを終了します。」の文とエラー番号、エラーの説明が書かれたメッセージボックスを表示させてください。

> メッセージボックスの[OK]をクリックすればマクロが終了するから、整形したCSVファイルに別名を付けて手動で保存するとか、落ち着いて自分なりの対処ができるね！

🔆 **HINT**

• LESSON 21 のマクロ [表の整形] に、On Error GoTo ステートメントを組み込みます。

▶コード

1	Sub␣表の整形()↵
2	(Tab)Dim␣ファイル名␣As␣String↵
3	(Tab)Dim␣データ数␣As␣Long↵
4	(Tab)On␣Error␣GoTo␣エラー処理↵
5	(Tab)With␣Application.FileDialog(msoFileDialogOpen)↵
	(中略)
6	(Tab)ActiveWorkbook.SaveAs␣ファイル名,␣xlOpenXMLWorkbook↵
7	(Tab)Exit␣Sub↵
8	エラー処理:↵
9	(Tab)MsgBox␣"エラーが発生したのでマクロを終了します。"␣&␣vbCrLf␣␣↵
	(Tab)(Tab)&␣"エラー番号:"␣&␣Err.Number␣&␣vbCrLf␣␣↵
	(Tab)(Tab)&␣"エラー内容:"␣&␣Err.Description↵
10	End␣Sub↵

1	マクロ[表の整形]の開始
2	String型の変数[ファイル名]を用意する
3	Long型の変数[データ数]を用意する
4	以降のコードの実行中に実行時エラーが発生した場合は、行ラベル[エラー処理]に移動する
5	[ファイルを開く]ダイアログボックスについて次の処理を実行する
	(中略)
6	アクティブなブックを変数[ファイル名]の名前でブック形式で保存する
7	エラーが発生しなかった場合はここでマクロを終了する
8	行ラベル[エラー処理]
9	「エラーが発生したのでマクロを終了します。」という文とエラー番号、エラーの説明をメッセージボックスに表示する
10	マクロの終了

第7章

CSVデータをExcelの表として整形しよう

保存先に同名のブックがあったときに、確認メッセージを表示せずに強制的に上書き保存したい場合は、SaveAsメソッドの行の前に「Application.DisplayAlerts = False」というコードを入れよう。353ページを参考にしてね。

 このLESSONのポイント

• 実行時エラーの発生時にマクロを安全に終了させるには、On Error Gotoステートメントを使用する。

 STEP UP!

Copilotにエラーの原因を相談する

エラーの原因をCopilotに相談するときは、エラーメッセージに表示されるエラー番号と説明文が重要な手掛かりになります。さらにマクロ全体、またはエラーの発生時に色が反転したコードを一緒に伝えると、原因を特定しやすくなります。

On Error Gotoステートメントの先頭に「'」を付けてコメント化しておくと、実行時エラーの発生時にエラーメッセージに［デバッグ］ボタンが表示されます。それをクリックすると、エラーの原因の可能性がある行が黄色く反転します。詳しくは52ページを参照してください。

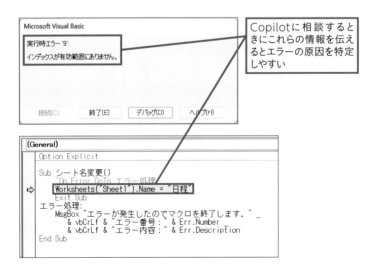

Copilotに相談するときにこれらの情報を伝えるとエラーの原因を特定しやすい

●プロンプト

Excel VBAのマクロでエラーが出ました。

●エラーメッセージの内容
実行時エラー：9
インデックスが有効範囲にありません。

●エラーが発生したコード
Worksheets("Sheet1").Name = "日程"

どのような原因が考えられますか？

●Copilotの回答例

エラー 9は、配列の最大要素数を超えた要素を指定した場合に発生します。しかし、この場合は、配列ではなく、ワークシート名を変更しようとしているため、別の原因が考えられます。エラーが発生したコードは、ワークシート「Sheet1」の名前を「日程」に変更するものです。エラーが発生する原因は、ワークシート「Sheet1」が存在しないためです。以下のいずれかの原因が考えられます。

1. ワークシート名が間違っている。
2. ワークシートが存在しない。
3. ワークシートが非表示になっている。

これらの原因を確認してください。ワークシート名が間違っている場合は、正しい名前を指定してください。ワークシートが存在しない場合は、作成してください。ワークシートが非表示になっている場合は、表示にしてください。

質問の際にExcelの表をコピーして
プロンプトに貼り付けることも可能。
ただし、セキュリティ上、機密情報や
個人情報は貼り付けないでね。

EPILOGUE

 いつも使っている[ファイルを開く]ダイアログボックスを自作のマクロに組み込むと、本格的なマクロって感じがするね。

 うん。ただし、ファイルの操作には実行時エラーがつきもの。エラー対策が必要だよ。

 確かに「インデックスが有効範囲にありません」なんていうメッセージ文じゃ、意味がわからず途方に暮れるからね。

 On Error Gotoステートメントを使って「エラーが発生したのでマクロを終了します」と一言添えるだけで不安が和らぐよ。

 事前にエラー対策しておくことで、安心してマクロを実行できるようになるんだね。

第 **8** 章

支店ごとのデータを1つの表に まとめるマクロを作成しよう

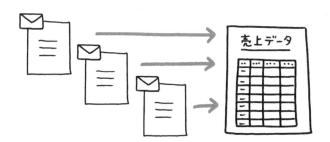

PROLOGUE

 CSVファイルの件も片付いたし、VBAのレッスンを始める きっかけとなったコピペ問題もここらへんで解決しよう。

 レッスンのきっかけか……。あの日は、会社から疲れ果てて帰っ てきて、プー助にご飯をあげずに寝ちゃったんだったね。

 そう、あのときは本当にあせったよ。ビックリしすぎて、**気が 付いたら人間界の言葉をしゃべっていた**んだ。

 それには、こっちもビックリだったよ。

 いよいよそのコピペ問題に取り組むときがきた。

 毎日各支店から送られてくる売上データを1つの表にコピーす る作業だね！

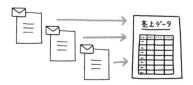

 そうだよ！ VBAの勉強を始めたきっかけでもあり、ボクの レッスンの最終目標でもある。目標到達まで、がんばろう！

 OK！ よろしく！

ブックを開く／閉じる
指定したフォルダーから
ブックを開く

 裕太くんが担当している業務をもう一度詳しく聞かせて。

 毎日、全国の支店から売上データが入力されたブックが届く。届いたブックは、日付ごとにフォルダーに分類して保存する…。

 支店から届くブックには、その支店の1日分の売上データが入力されている。表の行数は支店によって違うけど、「日付」「商品番号」などの入力項目は統一されている。

各支店のブック

日付	商品番号	・・・	本支店
4/2	・・・	・・・	東京
4/2	・・・	・・・	東京
4/2	・・・	・・・	東京

 届いたブックを開いてデータをコピーし、[売上一覧]ブックの当月のワークシートの末尾に貼り付ける。それを毎日届いたブックの数だけ繰り返す、っていう具合だよ。

[売上一覧]ブック

日付	商品番号	・・・	本支店
4/1	・・・	・・・	福岡
4/1	・・・	・・・	福岡
4/2	・・・	・・・	名古屋
4/2	・・・	・・・	名古屋
4/2	・・・	・・・	東京
4/2	・・・	・・・	東京
4/2	・・・	・・・	東京

4月

 了解！LESSON**23 ～ 25**で、マクロを作成していくよ！

マクロの処理をイメージしよう

プー助と裕太くんのレッスンも、いよいよ大詰め。レッスンを始めるきっかけとなった、裕太くんの**コピペ業務をVBAで自動化**します。私たちも一緒にマクロ作りに取り組みましょう。

●各支店のブックの内容

裕太くんから聞いた業務内容に合わせて、プー助が次のような練習用ファイルを用意しました。このデータを使用してマクロを作成していきます。

図は、各支店の売上データの表です。表の入力項目は各支店で共通ですが、行数はまちまちです。

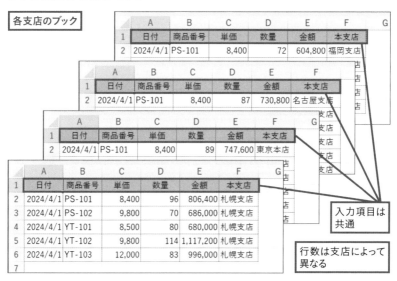

●各支店のブックの保存場所

各支店のブックは、下図のように月ごと、日付ごとにまとめて保存され
ています。

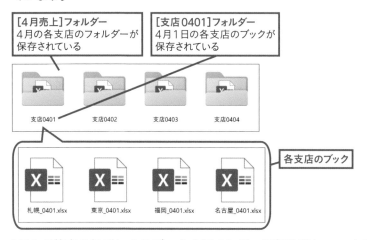

[4月売上]フォルダー
4月の各支店のフォルダーが
保存されている

[支店0401]フォルダー
4月1日の各支店のブックが
保存されている

支店0401　　支店0402　　支店0403　　支店0404

各支店のブック

札幌_0401.xlsx　東京_0401.xlsx　福岡_0401.xlsx　名古屋_0401.xlsx

VBAで特定の場所にあるブックを開くには、保存場所とファイル名を
指定する必要があります。保存場所は、**ドライブ名とフォルダー名を「¥」**
（円記号）でつないだ「パス」と呼ばれる文字列で表します。

13ページで本書の練習用ファイルのフォルダーをCドライブに配置し
ました。このレッスンで扱う[4月売上]フォルダーの中にある[支店
0401]フォルダーや[東京_0401.xlsx]ブックは次のように記述します。

コード
C:¥501841¥08syo¥4月売上¥支店0401

意味 [支店0401]フォルダー

コード
C:¥501841¥08syo¥4月売上¥支店0401¥東京_0401.xlsx

意味 [支店0401]フォルダーの中の[東京_0401.xlsx]ブック

第8章　支店ごとのデータを1つの表にまとめるマクロを作成しよう

●作成するマクロの仕様

[売上一覧]ブックの[メニュー]シートで各支店のブックが保存されているフォルダー名やコピー先のシート名を入力し、[統合]ボタンをクリックすると、指定したフォルダーにあるすべてのブックから指定したワークシートにデータがコピーされるようにします。

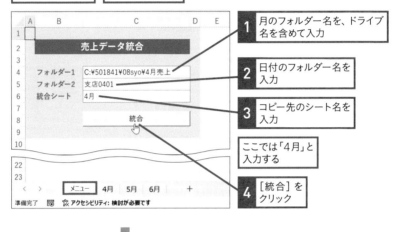

[売上一覧]ブック　[メニュー]シート

1　月のフォルダー名を、ドライブ名を含めて入力

2　日付のフォルダー名を入力

3　コピー先のシート名を入力

ここでは「4月」と入力する

4　[統合]をクリック

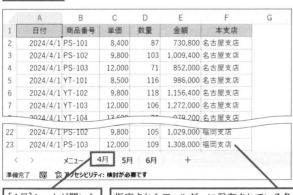

[4月]シート

	A	B	C	D	E	F	G
1	日付	商品番号	単価	数量	金額	本支店	
2	2024/4/1	PS-101	8,400	87	730,800	名古屋支店	
3	2024/4/1	PS-102	9,800	103	1,009,400	名古屋支店	
4	2024/4/1	PS-103	12,000	71	852,000	名古屋支店	
5	2024/4/1	YT-101	8,500	116	986,000	名古屋支店	
6	2024/4/1	YT-102	9,800	118	1,156,400	名古屋支店	
7	2024/4/1	YT-103	12,000	106	1,272,000	名古屋支店	
	2024/4/1	YT-104	12,600	78	978,200	名古屋支店	
22	2024/4/1	PS-102	9,800	105	1,029,000	福岡支店	
23	2024/4/1	PS-103	12,000	109	1,308,000	福岡支店	

[4月]シートが開いた

指定されたフォルダーに保存されている各支店のブックからデータがコピーされた

302

なお、この章で作成するマクロは、練習用ファイルが13ページで紹介したフォルダーに保存されていることが前提です。別の場所に保存した場合は、[4月売上]フォルダーのパスを[メニュー]シートの[フォルダー1]欄に入力し直してください。次のようにすると、パスを確認できます。

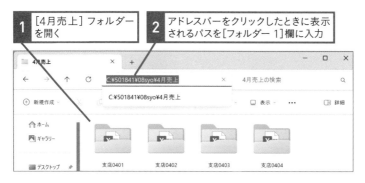

今回作成するマクロは少し複雑なので、次の3ステップで作成していきます。

● STEP1(LESSON**23**)

　1支店分のブックを開く処理の作成

● STEP2(LESSON**24**)

　全支店分のブックが順に開かれるように繰り返し処理を追加

● STEP3(LESSON**25**)

　開いたブックから売上一覧ブックにデータをコピーする処理を追加

日付のフォルダー名を入力して[統合]ボタンを1回押すだけで、その日のコピペ作業が終了するんだね！？

月のフォルダー名とコピー先のシート名は、毎月1回、月初に入力し直してね。

第8章　支店ごとのデータを1つの表にまとめるマクロを作成しよう

ブックを開く/閉じる

マクロの作成に先立って、ブックを開くときや閉じるときに使用するメソッドを紹介しておきます。いずれも省略可能な引数を複数持ちますが、ここでは重要な引数のみを紹介します。

ブックを開くには、**Workbooksコレクションの Openメソッド**を使用します。引数FileNameには、開くブックのパス付のファイル名を指定します。ブックを開くと、開いたブックがアクティブブックになります。

書式 ブックを開く

Workbooksコレクション.Open(FileName)

例えば、「C:¥501841¥08syo¥4月売上¥支店0401」フォルダーに保存されている「東京_0401.xlsx」ブックを開くには、次のように記述します。

```
Workbooks.Open _  折り返し
  "C:¥501841¥08syo¥4月売上¥支店0401¥東京_0401.xlsx"
```

ブックを閉じるには、**WorkbookオブジェクトのCloseメソッド**を使います。

書式 ブックを閉じる

Workbookオブジェクト.Close

アクティブブックを閉じるには、次のように記述します。

```
ActiveWorkbook.Close
```

練習用ファイル ▶ 23-02-01_完成.xlsm

開くときは「Workbooksコレクション」、閉じるときは「Workbookオブジェクト」を指定するんだね！

3 【マクロ作成】指定したフォルダーからブックを開く

練習用ファイル ▶ 売上一覧.xlsm

●STEP1：1支店分のブックを開く処理の作成

［メニュー］シートに入力されたフォルダーから、「東京_0401.xlsx」と
いう名前のブックを開き、データ数を求めて「AFTER」の図のようなメッ
セージボックスを表示するマクロ［データ統合］を作成し、［統合］ボタン
に割り当ててください。ただし、開くブックのパス、ファイル名、データ
数をそれぞれ変数［パス］、［ファイル名］、［データ数］に代入するものとし
ます。なお、ここでは開くファイルを「東京_0401.xlsx」に固定するので、
［メニュー］シートには「東京_0401.xlsx」の保存先のフォルダー名を入
力してください。

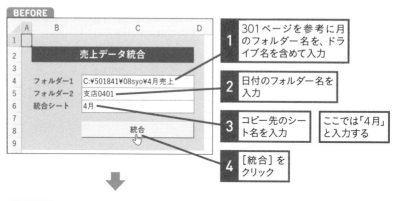

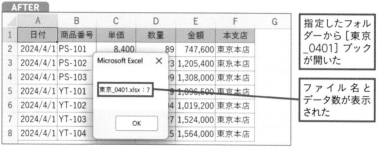

第8章 支店ごとのデータを1つの表にまとめるマクロを作成しよう

HINT

- 支店のブックの保存場所のパスは、セルC4の値と「¥」とセルC5の値と「¥」を連結して求めます。
- ブックを開くには、Openメソッドを使用します。
- データ数を求めるには、表の行数（→225ページ）から列見出しの行数である「1」を引きます。
- ブックを閉じるには、Closeメソッドを使用します。

▶コード

1	Sub␣データ統合()↵
2	[Tab]Dim␣パス␣As␣String↵
3	[Tab]Dim␣ファイル名␣As␣String↵
4	[Tab]Dim␣データ数␣As␣Long↵
5	[Tab]パス␣=␣Range("C4").Value␣&␣"¥"␣&␣Range("C5").Value␣&␣"¥"↵
6	[Tab]ファイル名␣=␣"東京_0401.xlsx"↵
7	[Tab]Workbooks.Open␣パス␣&␣ファイル名↵
8	[Tab]データ数␣=␣Range("A1").CurrentRegion.Rows.Count␣-␣1↵
9	[Tab]MsgBox␣ファイル名␣&␣":"␣&␣データ数↵
10	[Tab]ActiveWorkbook.Close↵
11	End␣Sub↵

1	マクロ[データ統合]の開始
2	String型の変数[パス]を用意する
3	String型の変数[ファイル名]を用意する
4	Long型の変数[データ数]を用意する
5	セルC4の値、「¥」、セルC5の値、「¥」を連結して、変数[パス]に代入する
6	「東京_0401.xlsx 」を変数[ファイル名]に代入する
7	変数[パス]と変数[ファイル名]で指定したブックを開く
8	セルA1を含む表の行数から「1」を引いた値を変数[データ数]に代入する
9	メッセージボックスに変数[ファイル名]と変数[データ数]の値を表示する
10	アクティブブックを閉じる
11	マクロの終了

●現在のアクティブブックを意識しながらコードを書こう

ブックを開くと開いたブックがアクティブブックになり、ブックを閉じるとアクティブブックは開く前のブックに戻ります。8行目〜10行目のコードが実行されるときのアクティブブックは[東京_0401]、それ以外のコードが実行されるときのアクティブブックは[売上一覧]となります。

したがって、5行目のコードの「Range("C4")」と「Range("C5")」は[売上一覧]ブックのセルになります。また、8行目のコードの「Range("A1")」は[東京_0401]ブックのセルになります。

●パスとファイル名を正確に入力しよう

[メニュー]シートのフォルダー名や、コードの5〜7行目の入力を間違えると、ファイルを開くことができないので注意してください。

どうしよう、プー助。「ファイルが見つかりません。」っていう実行時エラーが出ちゃった！

落ち着いて、裕太くん。「メニュー」シートに入力したフォルダー名か、コードに入力した「パス」や「ファイル名」が間違っているんじゃないかな？　52ページを参考に対処しよう！

このLESSONのポイント

- ブックを開くには、Workbooksコレクションの Openメソッドを使用する。
- ブックを閉じるには、WorkbookオブジェクトのCloseメソッドを使用する。

第8章　支店ごとのデータを1つの表にまとめるマクロを作成しよう

LESSON 24 ブックの検索

指定したフォルダーから 全ブックを順に開く

 このLESSONでは、全支店分のブックが順に開かれるように、マクロを改良するよ。

SECTION

1 指定したフォルダーからブックを検索する

LESSON23では、「東京_0401.xlsx」を開くマクロを作成しました。このLESSONでは、指定したフォルダーにあるすべてのブックが自動で順に開かれるように処理を追加します。

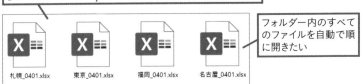

[C:¥501841¥08syo¥4月売上¥支店0401]フォルダー

札幌_0401.xlsx　東京_0401.xlsx　福岡_0401.xlsx　名古屋_0401.xlsx

フォルダー内のすべてのファイルを自動で順に開きたい

「フォルダー内のブックを順にすべて取得する」という処理には、**ファイルを検索するための関数である「Dir関数」**を利用します。この関数は、引数に指定したファイルを検索し、見つかった**ファイルの名前を戻り値**として返します。見つからなかった場合は、空の文字列「""」が返されます。

書式 ファイルを検索する関数

Dir([Pathname])

308

次のコードを見てください。

```
ファイル名 = Dir("C:¥501841¥08syo¥4月売上¥支店0401¥東京_0401.xlsx")
```

このコードを実行すると、「C:¥501841¥08syo¥4月売上¥支店0401¥東京_0401.xlsx」というファイルが存在する場合は、変数［ファイル名］に「東京_0401.xlsx」が代入されます。存在しない場合は「""」が代入されます。

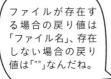

ファイルが存在する場合の戻り値は「ファイル名」、存在しない場合の戻り値は「""」なんだね。

変数［ファイル名］の中身を調べれば、ファイルが存在するかどうかを判断できるんだよ！

Dir関数を使用してフォルダー内のブックを検索するには、引数に指定するファイル名に**ワイルドカード**「*」を使用します。「*」は、平たく言えば「○○支店」などと言うときの「○○」のことです。

以下の文字列は、各支店のブックのパスを含めたファイル名です。パスの部分と拡張子「.xlsx」は共通で、「東京_0401」「札幌_0401」などの部分が異なります。

```
C:¥501841¥08syo¥4月売上¥支店0401¥東京_0401.xlsx
C:¥501841¥08syo¥4月売上¥支店0401¥札幌_0401.xlsx
C:¥501841¥08syo¥4月売上¥支店0401¥名古屋_0401.xlsx
C:¥501841¥08syo¥4月売上¥支店0401¥福岡_0401.xlsx
```

第8章 支店ごとのデータを1つの表にまとめるマクロを作成しよう

異なる部分を「*」で置き換えて次のように記述すると、「C:¥501841¥08syo¥4月売上¥支店0401」フォルダーにあり、ファイル名の末尾に「.xlsx」が付くファイル、という意味になります。

```
C:¥501841¥08syo¥4月売上¥支店0401¥*.xlsx
```

> 「.xlsx」が付くファイルって、Excelブックのことだね！

ここで、いよいよDir関数の出番です。Dir関数の引数に前述の「*」を使ったファイル名を指定すると、「C:¥501841¥08syo¥4月売上¥支店0401」フォルダーからブックを検索できます。ブックが見つかった場合、最初に見つかったブックのファイル名が変数[ファイル名]に代入されます。

コード
```
ファイル名 = Dir("C:¥501841¥08syo¥4月売上¥支店0401¥*.xlsx")
```
意味 「C:¥501841¥08syo¥4月売上¥支店0401」フォルダー内のブックを検索

[C:¥501841¥08syo¥4月売上¥支店0401]フォルダー

札幌_0401.xlsx

東京_0401.xlsx

福岡_0401.xlsx

名古屋_0401.xlsx

> この中の、いずれかのブックのファイル名が変数[ファイル名]に代入される

> ブックは4つあるよ。残りのブックはどうやって検索するの？

> 引数を指定せずにDir関数を使うんだ。そうすると、前回の引数と同じ条件で、残りのファイルを順に検索できるんだよ。

プー助の言うとおり、続けて検索を行うには、**引数を指定せずにDir関数を使います。**

以下のコードでは、Dir関数を5回使用しています。最初のDir関数で「C:¥501841¥08syo¥4月売上¥支店0401」フォルダーからブックを検索し、そのあと引き続き同じ条件で4回検索しています。指定したフォルダーにブックは4つしかないので、5回目の検索では該当するブックが見つからず、戻り値は「""」になります。

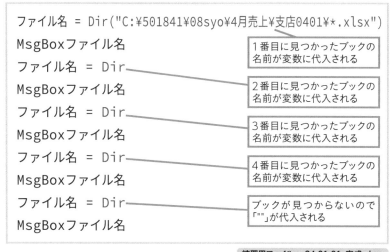

練習用ファイル ▶ 24-01-01_完成.xlsm

コードを実行すると、メッセージボックスが5回表示され、検索結果である変数[ファイル名]の値を確認できます。

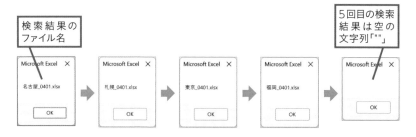

それでは上記のコードを、繰り返し処理の構文を利用して書き換えてみましょう。変数 [ファイル名] の値が「""」でない間繰り返すのですから、使用するのは**Do While 〜 Loop ステートメント**です。

```
ファイル名 = Dir("C:¥501841¥08syo¥4月売上¥支店0401¥*.xlsx")
Do While ファイル名 <> ""
    MsgBoxファイル名
    ファイル名 = Dir
Loop
```

1番目に見つかったブックの名前を変数[ファイル名]に代入する

変数 [ファイル名] の値が「""」でない間繰り返す

次に見つかったブックの名前を変数[ファイル名]に代入する

練習用ファイル ▶ 24-01-02_完成.xlsm

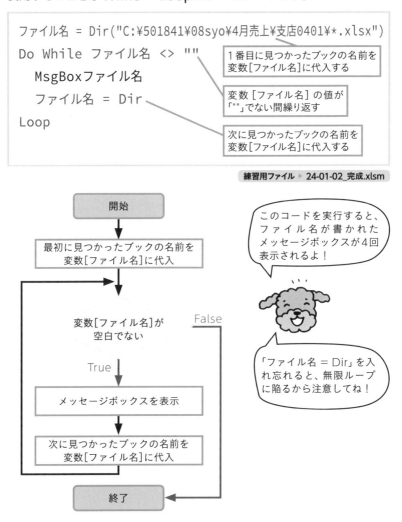

開始

最初に見つかったブックの名前を変数[ファイル名]に代入

変数[ファイル名]が空白でない

False

True

メッセージボックスを表示

次に見つかったブックの名前を変数[ファイル名]に代入

終了

このコードを実行すると、ファイル名が書かれたメッセージボックスが4回表示されるよ！

「ファイル名 = Dir」を入れ忘れると、無限ループに陥るから注意してね！

なお、あらかじめカウンター変数 [i] を用意しておき、Do While 〜 Loop ステートメントの中に「i = i + 1」というコードを入れておくと、繰り返しの回数をカウントできます。次ページで実際にやってみます。

練習用ファイル ▶ 売上一覧.xlsm

●STEP2：全支店分のブックが順に開かれるように繰り返し処理を追加

LESSON23で作成したマクロ［データ統合］を改良し、指定したフォルダーにあるすべてのブックを順に開いて、ファイル名とデータ数を表示し、最後に「○件のファイルを統合しました。」と表示してください。なお、ファイルが見つからない場合は「ファイルが見つかりません。フォルダー名の入力を確認してください。」と表示しましょう。

> 305ページを参考に［メニュー］シートでフォルダー名を
> 指定し、［統合］をクリックする

●ファイルが見つかった場合

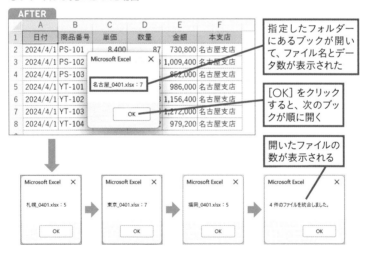

指定したフォルダーにあるブックが開いて、ファイル名とデータ数が表示された

［OK］をクリックすると、次のブックが順に開く

開いたファイルの数が表示される

●ファイルが見つからなかった場合

フォルダー名の確認を促す

💡 **HINT**

- LESSON 23のマクロ [データ統合] に、312ページで紹介したDo While ～ LoopステートメントとDirのコードを組み込みます。
- 開いたファイルの数を求めるには、あらかじめカウンター用の変数 [i] に「0」を代入しておき、Do While ～ Loopステートメントの中で「i = i + 1」を実行して、繰り返し処理1回ごとに[i]に「1」を加算します。

▶コード

1	Sub␣データ統合()↵
2	[Tab]Dim␣パス␣As␣String↵
3	[Tab]Dim␣ファイル名␣As␣String↵
4	[Tab]Dim␣データ数␣As␣Long↵
5	[Tab]Dim␣i␣As␣Long↵
6	[Tab]i␣=␣0↵
7	[Tab]パス␣=␣Range("C4").Value␣&␣"¥"␣&␣Range("C5").Value␣&␣"¥"↵
8	[Tab]ファイル名␣=␣Dir(パス␣&␣"*.xlsx")↵
9	[Tab]Do␣While␣ファイル名␣<>␣""↵
10	[Tab][Tab]Workbooks.Open␣パス␣&␣ファイル名↵
11	[Tab][Tab]データ数␣=␣Range("A1").CurrentRegion.Rows.Count␣-␣1↵
12	[Tab][Tab]MsgBox␣ファイル名␣&␣":"␣&␣データ数↵
13	[Tab][Tab]ActiveWorkbook.Close↵
14	[Tab][Tab]i␣=␣i␣+␣1↵
15	[Tab][Tab]ファイル名␣=␣Dir↵
16	[Tab]Loop↵
17	[Tab]If␣i␣>=␣1␣Then↵
18	[Tab][Tab]MsgBox␣i␣&␣"␣件のファイルを統合しました。"↵
19	[Tab]Else↵
20	[Tab][Tab]MsgBox␣"ファイルが見つかりません。"␣&␣vbCrLf␣[折り返し] [Tab][Tab][Tab]&␣"フォルダー名の入力を確認してください。"↵
21	[Tab]End␣If↵
22	End␣Sub↵

1	マクロ[データ統合]の開始
2	String型の変数[パス]を用意する
3	String型の変数[ファイル名]を用意する
4	Long型の変数[データ数]を用意する
5	Long型の変数[i]を用意する
6	変数[i]に「0」を代入する
7	セルC4の値、「¥」、セルC5の値、「¥」を連結して、変数[パス]に代入する
8	変数[パス]が示すフォルダーからブックを検索して、見つかったブックの名前を変数[ファイル名]に代入する
9	変数[ファイル名]の値が「""」でない間繰り返す
10	変数[パス]と変数[ファイル名]で指定したブックを開く
11	セルA1を含む表の行数から「1」を引いた値を変数[データ数]に代入する
12	メッセージボックスに変数[ファイル名]と変数[データ数]の値を表示する
13	アクティブブックを閉じる
14	変数[i]に「1」を加算した値を変数[i]に代入する
15	次のブックを検索して、そのブックの名前を変数[ファイル名]に代入する
16	Do While ～ Loopステートメントの終了
17	もしも変数[i]の値が「1」以上なら
18	変数[i]の値と「 件のファイルを統合しました。」を連結してメッセージボックスに表示する
19	そうでない場合は
20	「ファイルが見つかりません。」と「フォルダー名の入力を確認してください。」を改行を挟んで連結してメッセージボックスに表示する
21	Ifステートメントの終了
22	マクロの終了

●繰り返した回数が開いたファイル数になる

ファイルを1つ開くごとに変数[i]に「1」が加算されるので、変数[i]には
最終的に開いたファイルの数が代入されます。

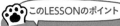
このLESSONのポイント

- ファイルを検索するには、Dir関数を使用する。

第8章

支店ごとのデータを1つの表にまとめるマクロを作成しよう

315

いよいよ、STEP3。データをコピーする処理の追加だね。

 これまでは、支店のブックを開いたあと、メッセージボックスを表示してきた。その部分をコピー処理に差し替えて、マクロを完成させよう!

1 セルをコピーする

マクロ [データ統合] にコピー処理を追加する準備として、**セルのコピーに使用するCopyメソッド**を紹介しておきましょう。

> **書式** セルをコピーする
>
> # Rangeオブジェクト.Copy([Destination])

使い方は至って簡単。「Rangeオブジェクト」の部分にコピー元のセルを指定し、引数Destinationにコピー先の先頭のセルを指定します。

例えば、セルA2 〜 B5をセルD2にコピーするには、次のように記述します。

> **コード**
> ```
> Range("A2:B5").Copy Destination:=Range("D2")
> ```
> **意味** セルA2 〜 B5をセルD2にコピーする

練習用ファイル ▶ 25-01-01_完成.xlsm

次に、マクロ［データ統合］に追加するコピー処理について説明します。
ここから318ページまでは、コピー元のファイルとコピー先のファイル
の2つが開いていると仮定してコードを説明します。ここでは説明を読
んでコードを理解し、実際の動作はSECTION 2（319ページ）で作成す
るマクロで確認してください。

マクロ［データ統合］では、コピー元のセル範囲とコピー先のセルを正し
く取得することがポイントになります。

コピー元のほうから見ていきましょう。下図は［札幌店_0401.xlsx］の
表です。どのブックの場合も、コピーする範囲の先頭セルはセルA2、コ
ピーする範囲の列数はA列〜F列の「6」と決まっています。コピーする
範囲の行数は、すでに変数［データ数］に計算済みです。

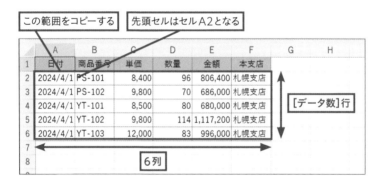

220ページで紹介した**Resizeプロパティ**を思い出してください。**基準
のセルから「○行△列」分のセル範囲を取得**するプロパティです。これを
利用すると、コピーする範囲は次のように記述できます。

```
コード
Range("A2").Resize(データ数, 6)
```
意味 セルA2から［データ数］行6列のセル範囲

次に、コピー先の取得方法を考えます。コピー先のワークシートは、[売上一覧] ブックの [メニュー] シートの [統合シート] 欄 (セルC6) に入力したワークシートです。セルC6に「4月」と入力されている場合は [4月] シートがコピー先となります。

コピー先のワークシートは、変数 [ws統合] に代入して扱うことにします。

```
Set ws統合 = Worksheets(Range("C6").Value)
```

コピー先のセルは、表の1つ下のセルになります。表はセルA1から始まっているので、「表の行数+1」がコピー先のセルの行番号になります。

	A	B	C	D	E	F	
1	日付	商品番号	単価	数量	金額	本支店	
2							
3							

表の行数が1行の場合、「表の行数+1」で 2行目のセルがコピー先となる

仮に表の行数が10行の場合、「10+1」 で11行目のセルがコピー先となる

コピー先のセルの行番号を変数 [貼付行] に代入する場合、次のように記述できます。

コード
```
貼付行 = ws統合.Range("A1").CurrentRegion.Rows.Count + 1
```
意味 コピー先のセルの行番号を求める

支店のブックがアクティブブックである状態で、データを [ws統合] シートに貼り付けるには、次のように記述します。

コード
```
Range("A2").Resize(データ数, 6).Copy _ 折り返し
Destination:=ws統合.Cells(貼付行, 1)
```
意味 データをコピーして、指定したシートに貼り付ける

2 【マクロの改良】全ブックからデータをコピー

練習用ファイル ▶ **売上一覧.xlsm**

●STEP3：開いたブックから売上一覧ブックにデータをコピーする処理を追加

[メニュー] シートに入力されたフォルダーにある全ブックのデータが、指定したワークシートにコピーされるように、マクロ [データ統合] を改良してください。処理の最後に、コピー先のワークシートを選択してください。

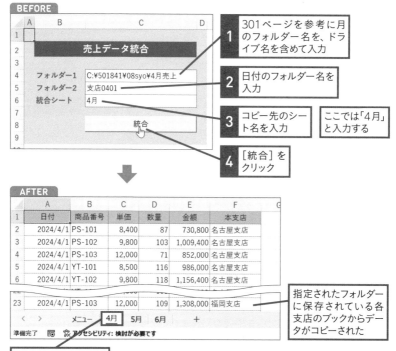

BEFORE

	A	B	C	D
1				
2		売上データ統合		
3				
4		フォルダー1	C:¥501841¥08syo¥4月売上	
5		フォルダー2	支店0401	
6		統合シート	4月	
7				
8			統合	
9				

1 301ページを参考に月のフォルダー名を、ドライブ名を含めて入力

2 日付のフォルダー名を入力

3 コピー先のシート名を入力 ここでは「4月」と入力する

4 [統合] をクリック

AFTER

	A	B	C	D	E	F	G
1	日付	商品番号	単価	数量	金額	本支店	
2	2024/4/1	PS-101	8,400	87	730,800	名古屋支店	
3	2024/4/1	PS-102	9,800	103	1,009,400	名古屋支店	
4	2024/4/1	PS-103	12,000	71	852,000	名古屋支店	
5	2024/4/1	YT-101	8,500	116	986,000	名古屋支店	
6	2024/4/1	YT-102	9,800	118	1,156,400	名古屋支店	
23	2024/4/1	PS-103	12,000	109	1,308,000	福岡支店	

< > メニュー **4月** 5月 6月 +

準備完了 🗟 ※ アクセシビリティ: 検討が必要です

指定されたフォルダーに保存されている各支店のブックからデータがコピーされた

[4月]シートが開いた

💡 **HINT**

・ LESSON**23**のマクロ[データ統合]に、前ページで紹介したコピーのコードを組み込みます。

第8章 支店ごとのデータを1つの表にまとめるマクロを作成しよう

▶コード

```
1   Sub_データ統合()↵
2     [Tab]Dim_パス_As_String↵
3     [Tab]Dim_ファイル名_As_String↵
4     [Tab]Dim_データ数_As_Long↵
5     [Tab]Dim_i_As_Long↵
6     [Tab]Dim_貼付行_As_Long↵
7     [Tab]Dim_ws統合_As_Worksheet↵
8     [Tab]i_=_0↵
9     [Tab]パス_=_Range("C4").Value_&_"¥"_&_Range("C5").Value_&_"¥"↵
10    [Tab]ファイル名_=_Dir(パス_&_"*.xlsx")↵
11    [Tab]Set_ws統合_=_Worksheets(Range("C6").Value)↵
12    [Tab]Do_While_ファイル名_<>_""↵
13    [Tab][Tab]Workbooks.Open_パス_&_ファイル名↵
14    [Tab][Tab]データ数_=_Range("A1").CurrentRegion.Rows.Count_-_1↵
15    [Tab][Tab]貼付行_=_ws統合.Range("A1").CurrentRegion.Rows.Count_+_1↵
16    [Tab][Tab]Range("A2").Resize(データ数,_6).Copy_[折り返し]
      [Tab][Tab][Tab]Destination:=ws統合.Cells(貼付行,_1)↵
17    [Tab][Tab]ActiveWorkbook.Close↵
18    [Tab][Tab]i_=_i_+_1↵
19    [Tab][Tab]ファイル名_=_Dir↵
20    [Tab]Loop↵
21    [Tab]If_i_>=_1_Then↵
22    [Tab][Tab]ws統合.Select↵
23    [Tab][Tab]MsgBox_i_&_"_件のファイルを統合しました。"↵
24    [Tab]Else↵
25    [Tab][Tab]MsgBox_"ファイルが見つかりません。"_&_vbCrLf_[折り返し]
      [Tab][Tab][Tab]&_"フォルダー名の入力を確認してください。"↵
26    [Tab]End_If↵
27  End_Sub↵
```

1	マクロ[データ統合]の開始
2	String型の変数[パス]を用意する
3	String型の変数[ファイル名]を用意する
4	Long型の変数[データ数]を用意する
5	Long型の変数[i]を用意する
6	Long型の変数[貼付行]を用意する
7	Worksheet型の変数[ws統合]を用意する
8	変数[i]に「0」を代入する
9	セルC4の値、「¥」、セルC5の値、「¥」を連結して、変数[パス]に代入する
10	変数[パス]が示すフォルダーからブックを検索して、見つかったブックの名前を変数[ファイル名]に代入する
11	セルC6の値をシート名とするワークシートを取得して、変数[ws統合]に代入する
12	変数[ファイル名]の値が「""」でない間繰り返す
13	変数[パス]と変数[ファイル名]で指定したブックを開く
14	セルA1を含む表の行数から「1」を引いた値を変数[データ数]に代入する
15	[ws統合]シートのセルA1を含む表の行数に「1」を加えた値を変数[貼付行]に代入する
16	セルA2から[データ数]行6列のセル範囲をコピーして、[ws統合]シートの[貼付行]行1列のセルに貼り付ける
17	アクティブブックを閉じる
18	変数[i]に「1」を加算した値を変数[i]に代入する
19	次のブックを検索して、そのブックの名前を変数[ファイル名]に代入する
20	Do While ～ Loopステートメントの終了
21	もしも変数[i]の値が「1」以上なら
22	[ws統合]シートを選択する
23	変数[i]の値と「 件のファイルを統合しました。」を連結してメッセージボックスに表示する
24	そうでない場合は
25	「ファイルが見つかりません。」と「フォルダー名の入力を確認してください。」を改行を挟んで連結してメッセージボックスに表示する
26	Ifステートメントの終了
27	マクロの終了

●毎日ボタンひとつでデータを統合できる

以上で、マクロ［データ統合］は完成です！ フォルダー名や統合先の
ワークシートを指定して、［統合］ボタンをクリックするだけで、ブック
数や表の行数にかかわらず、データを統合できます。裕太くんの業務も
ラクになること請け合いです。よかったですね。

なお、「ファイルが見つかりません。フォルダー名の入力を確認してくだ
さい。」と表示された場合は、［フォルダー 1］［フォルダー 2］が正しく入
力されているか、また、入力したフォルダーに各支店のファイルがきち
んと保存されているかを確認してください。

このLESSONのポイント

• ブックのコピーには、Range オブジェクトの Copy メソッドを使用する。

画面のちらつきを防ぐ

練習用ファイル ▶ 25-02-01.xlsm

マクロ［データ統合］では、ブックを開く操作と閉じる操作が何度も繰り返されるため、**マクロの実行中に画面がちらつきます**。そのような画面のちらつきは、Applicationオブジェクトの ScreenUpdatingプロパティで制御できます。

書式	画面の更新を制御する

Applicationオブジェクト.ScreenUpdating

ScreenUpdatingプロパティに「False」を設定すると、画面の更新が止まります。マクロの実行時に画面の更新をオフにしておけば、途中経過の画面のちらつきを見せずにスムーズに処理が進められ、速度も上がります。プロパティに「True」を設定し直すと、画面が一気に更新され、処理の実行結果の画面が表示されます。

マクロ［データ統合］では、Do While ～ Loopステートメントの直前で画面の更新をオフにし、直後にオンにするとちらつきを防げます。なお、練習用ファイル（完成）には［統合シート］欄の入力ミスに備えてOn Error Gotoステートメントも組み込んであります。

```
Application.ScreenUpdating = False
Do While ファイル名 <> ""
        処理
Loop
Application.ScreenUpdating = True
```

画面の更新をオフにする

画面の更新をオンにする

EPILOGUE

 プー助、ありがとう。おかげで会社のコピペ業務を効率よくこなせそうだよ。

 裕太くんが毎日行っている作業を忠実にマクロに再現してみたけれど、**運用していくうちに改善点が見つかる**かもしれない。そのときは、裕太くんが自分の力でマクロを改良するんだよ。

 わかった。ほかの業務も、マクロで効率化が図れないか、いろいろ検討してみるよ！

 そんなときは、299ページでやったみたいに、**まず業務の作業手順を洗い出して整理**するんだ。

 作業手順を書きだすと整理しやすいね！

 マクロを組むときは、**いきなり全部を作ろうとせずに、いくつかのステップに分けたほうがいい**。大きなマクロを一気に作ると、エラーが出たときに原因を特定しづらいからね。

 なるほど、今回3つのステップでマクロを作ったみたいに、**一部分を作ってテスト、テストが成功したら別の機能を追加**、を繰り返すんだね。明日、会社に行くのが楽しみだな♪

第 9 章

よく使うプロパティと
メソッドを身に付けよう

終了しました!!

PROLOGUE

 最近、会社の仕事はどう？

 VBAを使って、定型業務の自動化を進めているところだよ。でも、**どんなプロパティを使えばいいか、メソッドの引数に何を指定すればいいか、わからなくて困る**ことも多いんだ。

 前にも言ったけど、オブジェクト、プロパティ、メソッドの学習は英語の勉強と同じ。基本が身に付いたら、あとは辞書で調べた単語を文法に当てはめていけば○Kさ。

 VBAの辞書って、どこにあるの？

 Web上に、**マイクロソフトが提供するヘルプ**が用意されているよ。ただ、ヘルプはどちらかというと表現が固いから、読みこなすにはそれなりの経験が必要かな。なんだかんだ言って、Copilotに聞くのが手っ取り早いと思うよ。

 なるほど。

 でも、手元にプロパティとメソッドの辞書があると便利だよね。そこで、ジャジャ～ン！この章では**よく使うプロパティとメソッド**をまとめたよ。

 さすが、プー助！ ボクの先生！ ありがとう！

LESSON データの入力と削除
26
データの入力と削除に
関するプロパティとメソッド

SECTION
1 セルに値や数式を入力する

練習用ファイル ▶ 26-01-01.xlsm

Rangeオブジェクトの**Value プロパティ**で値を、**Formula プロパティ**
で数式を入力できます。

> **書式** 値を入力する(→98ページ)
>
> **Range オブジェクト.Value = 値**

> **書式** 数式を入力する(→99ページ)
>
> **Range オブジェクト.Formula = 数式**

●セルに値と数式を入力する

> **コード** `Range("A1").Value = 7`
> **意味** セルA1に「7」と入力する
>
> **コード** `Range("B1").Value = "月予定表"`
> **意味** セルB1に「月予定表」と入力する
>
> **コード** `Range("A2").Value = #7/1/2024#`
> **意味** セルA2に「2024/7/1」と入力する
>
> **コード** `Range("A3:A4").Formula = "=A2+1"`
> **意味** セルA3〜A4に「=A2+1」と入力する

セルA3に「=A2+1」、
セルA4に「=A3+1」
が入力されるよ!

第9章 よく使うプロパティとメソッドを身に付けよう

2 セルの値・数式や書式を消去する

ClearContentsメソッドは、値や数式など、**セルの入力内容を消去**します。ClearFormatsメソッドはセルの書式を消去し、Clearメソッドは入力内容と書式の両方を消去します。

書式 入力内容を消去する（→66ページ）

Rangeオブジェクト.ClearContents

書式 書式を消去する

Rangeオブジェクト.ClearFormats

書式 入力内容と書式を消去する

Rangeオブジェクト.Clear

●セルの値や書式を消去する　　　　　　　　　　**練習用ファイル ▶ 26-02-01.xlsm**

コード Range("A1").ClearContents

意味 セルA1の入力内容を消去する

コード Range("A2").ClearFormats

意味 セルA2の書式を消去する

コード Range("A3").Clear

意味 セルA3の入力内容と書式を消去する

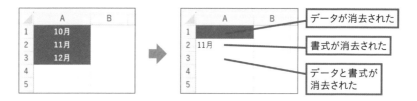

SECTION

3 セルに連続データを入力する

オートフィルを実行するには、**AutoFillメソッド**を使用します。Range
オブジェクトにオートフィルの基準のセルを指定し、引数Destination
に基準のセルを含めた入力先のセル、引数Typeに入力するデータの種
類を指定します。引数Typeを省略すると、標準のオートフィル (数値の
場合はコピー、日付の場合は連続データの入力)が行われます。

> **書式** オートフィルを実行する
>
> **Rangeオブジェクト.AutoFill(Destination, [Type])**

●引数Typeの主な設定値

設定値	説明
xlFillDefault	標準のオートフィル
xlFillCopy	セルのコピー
xlFillSeries	連続データ
xlFillFormats	書式のみコピー
xlFillValues	書式なしコピー

「オートフィル」は、選択したセルの右下角をドラッグする機能だね！

●数値と日付の連続データを入力する　　練習用ファイル ▶ 26-03-01.xlsm

> **コード** `Range("A1").AutoFill Range("A1:A5"), xlFillSeries`
>
> **意味** セルA1を基準としてセルA1 〜 A5に連続データを入力する
>
> **コード** `Range("B1").AutoFill Range("B1:B5")`
>
> **意味** セルB1を基準としてセルB1 〜 B5に連続データを入力する

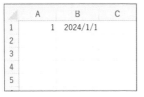

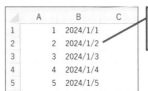

連続するデータが入力された

第9章　よく使うプロパティとメソッドを身に付けよう

セルの書式設定に関する プロパティとメソッド

1 フォントやフォントサイズを設定する

フォントは、Fontオブジェクトの**Nameプロパティ**で設定します。フォント名に含まれるスペースや全角／半角は、[ホーム] タブの [フォント] 欄に表示されているとおりに入力してください。**フォントサイズ**は、**Sizeプロパティ**で設定します。設定値の単位はポイントです。

書式 フォントを設定する

Fontオブジェクト.Name = フォント名

書式 フォントサイズを設定する（→97ページ）

Fontオブジェクト.Size = フォントサイズ

●セルA1の文字を[Arial Black]、20ポイントにする

練習用ファイル ▶ 27-01-01.xlsm

コード `Range("A1").Font.Name = "Arial Black"`

意味 セルA1のフォントを[Arial Black]にする

コード `Range("A1").Font.Size = 20`

意味 セルA1のフォントサイズを20ポイントにする

SECTION

2 太字、斜体、下線を設定する

FontオブジェクトのBold、Italic、Underlineの各プロパティに
「True」を設定すると書式が設定され、「False」を設定すると書式が解除
されます。

書式 太字を設定／解除する（→101ページ）

Fontオブジェクト.Bold = True / False

書式 斜体を設定／解除する

Fontオブジェクト.Italic = True / False

書式 下線を設定／解除する

Fontオブジェクト.Underline = True / False

●セルA1に太字と斜体を設定し、下線を解除する

練習用ファイル ▶ 27-02-01.xlsm

コード `Range("A1").Font.Bold = True`

意味 セルA1に太字を設定する

コード `Range("A1").Font.Italic = True`

意味 セルA1に斜体を設定する

コード `Range("A1").Font.Underline = False`

意味 セルA1の下線を解除する

太字と斜体が設定された　　下線が解除された

「True」は「Yes」、「False」は「No」の意味だよ！

第9章 よく使うプロパティとメソッドを身に付けよう

SECTION 3

文字の配置を設定する

セルの横方向の文字配置はHorizontalAlignmentプロパティ、縦方向の文字配置はVerticalAlignmentプロパティで設定します。

書式 セルの横方向の文字配置を設定する（→100ページ）

Rangeオブジェクト.HorizontalAlignment = 設定値

書式 セルの縦方向の文字配置を設定する

Rangeオブジェクト.VerticalAlignment = 設定値

●HorizontalAlignment
プロパティの主な設定値

設定値	説明
xlGeneral	標準
xlLeft	左揃え
xlCenter	中央揃え
xlRight	右揃え
xlDistributed	均等割り付け

●VerticalAlignment
プロパティの設定値

設定値	説明
xlTop	上揃え
xlCenter	中央揃え
xlBottom	下揃え
xlJustify	両端揃え
xlDistributed	均等割り付け

●横方向は右揃え、縦方向は下揃えにする　練習用ファイル ▶ 27-03-01.xlsm

コード `Range("A1").HorizontalAlignment = xlRight`

意味 セルA1の横方向の配置を右揃えにする

コード `Range("A1").VerticalAlignment = xlBottom`

意味 セルA1の縦方向の配置を下揃えにする

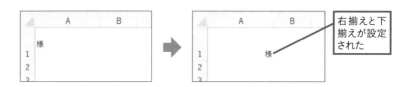

右揃えと下揃えが設定された

SECTION

4 セルの結合を設定する

Rangeオブジェクトの**MergeCellsプロパティ**にTrueを設定すると、隣接する**複数のセルが結合**されます。結合したセルに文字入力や配置設定を行うときは先頭、または結合したすべてのセルに対して操作します。

> **書式** セルの結合を設定/解除する
>
> # Rangeオブジェクト.MergeCells = True / False

●セルの結合と解除を設定する　　　　　　　**練習用ファイル ▶ 27-04-01.xlsm**

コード `Range("A1:C1").MergeCells = False`

意味 セルA1〜C1の結合を解除する

コード `Range("A2:C2").MergeCells = True`

意味 セルA2〜C2を結合する

コード
`Range("A2").HorizontalAlignment = xlCenter`

意味 セルA2に中央揃えを設定する

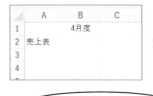 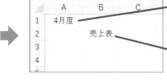

セル結合が解除された

セルが結合されて中央揃えになった

結合する複数のセルにデータが入力されていると、先頭以外のセルのデータが失われるため、確認メッセージが表示される。

その確認メッセージを出さずに強制的にセルを結合したい場合は、355ページで紹介するDisplayAlertsプロパティを使用しよう。

第9章 よく使うプロパティとメソッドを身に付けよう

5 格子罫線を設定する

Bordersオブジェクトの**LineStyleプロパティ**で線種を指定するか、**Weightプロパティ**で線の太さを指定すると、格子罫線を引けます。また、Rangeオブジェクトの**BorderAroundメソッド**の引数LineStyleか引数Weightを指定すると、セル範囲の周囲に罫線を引けます。

書式 線の種類を指定して罫線を引く（→276ページ）

Bordersオブジェクト.LineStyle = 線の種類

書式 線の太さを指定して罫線を引く（→276ページ）

Bordersオブジェクト.Weight = 線の太さ

書式 セル範囲の周囲に罫線を引く

Rangeオブジェクト.BorderAround([LineStyle], [Weight])
※引数Weight以降の引数を省略しています。

● 罫線の設定と解除　　　　　　　　　練習用ファイル ▶ 27-05-01.xlsm

コード
```
Range("B2:C4").Borders.LineStyle = xlNone
```
意味 セルB2 〜 C4の罫線を解除する

コード
```
Range("E2:G4").Borders.LineStyle = xlContinuous
```
意味 セルE2 〜 G4に実線の格子罫線を設定する

コード
```
Range("E2:G4").BorderAround Weight:= xlThick
```
意味 セルE2 〜 G4に太線の外枠を設定する

罫線が解除された　　罫線が設定された

「LineStyle」「Weight」の設定値は277ページ、その組み合わせ方は279ページ、セル範囲の特定の位置に罫線を引く方法は278ページを見てね。

SECTION

6 塗りつぶしや文字、罫線の色を設定する

カラーパレットの［テーマの色］欄の色はThemeColorプロパティとTintAndShadeプロパティで、［標準の色］欄の色はColorプロパティで設定します。また、カラーパレットの［その他の色］をクリックすると表示される［色の設定］ダイアログボックスの［ユーザー設定］タブでは赤、緑、青の成分を「0 〜 255」の数値で指定して色を設定できますが、それらの色もColorプロパティで設定します。

●カラーパレット　　　　　　　● ［色の設定］ダイアログボックス

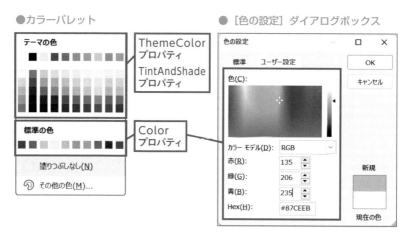

第9章　よく使うプロパティとメソッドを身に付けよう

VBAでは「設定対象のオブジェクト.色のプロパティ = 設定値」の形式
で色を設定します。設定対象のオブジェクトは下記のとおりです。

・塗りつぶしの色：Interiorオブジェクト
・文字の色：Fontオブジェクト
・罫線の色：Bordersオブジェクト、Borderオブジェクト

●テーマの色を設定する
カラーパレットの[テーマの色]欄の1行目にある基本色を設定するには、
ThemeColorプロパティを使用します。また、2行目以降の色は、
ThemeColorプロパティで色を設定したうえで、TintAndShadeプ
ロパティで明るさを調整します。

| 書式 | テーマの色を設定する |

オブジェクト.ThemeColor = 設定値

| 書式 | 塗りつぶしの色の明るさを設定する |

オブジェクト.TintAndShade = 数値

●ThemeColorプロパティの設定値

列	設定値	説明	
1	xlThemeColorDark1	背景1	
2	xlThemeColorLight1	テキスト1	■
3	xlThemeColorDark2	背景2	
4	xlThemeColorLight2	テキスト2	■
5	xlThemeColorAccent1	アクセント1	■
6	xlThemeColorAccent2	アクセント2	■
7	xlThemeColorAccent3	アクセント3	■
8	xlThemeColorAccent4	アクセント4	■
9	xlThemeColorAccent5	アクセント5	■
10	xlThemeColorAccent6	アクセント6	■

Excelの[ページレイアウト]タブにある[テーマ]や[配色]の設定を変えると、[テーマの色]欄の色が総取り換えになるの知ってる？　総取り替えになっても、[テーマの色]欄の同じ位置にある色は左表の設定値で設定できるよ。

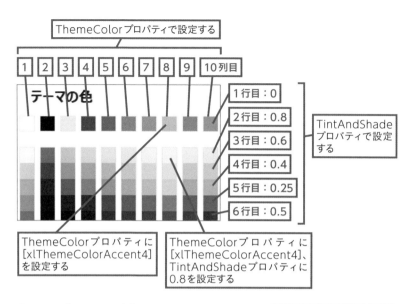

ThemeColorプロパティで設定する

1 2 3 4 5 6 7 8 9 10列目

テーマの色

1行目：0
2行目：0.8
3行目：0.6
4行目：0.4
5行目：0.25
6行目：0.5

TintAndShade
プロパティで設定
する

ThemeColorプロパティに
[xlThemeColorAccent4]
を設定する

ThemeColorプロパティに
[xlThemeColorAccent4]、
TintAndShadeプロパティに
0.8を設定する

● セルに[テーマの色]を設定する　　　　練習用ファイル ▶ 27-06-01.xlsm

コード
```
Range("B1:B2").Interior.ThemeColor = xlThemeColorAccent4
```
意味 セルB1 〜 B2の塗りつぶしの色を[アクセント4]にする

コード
```
Range("B2").Interior.TintAndShade = 0.8
```
意味 セルB2の塗りつぶしの色の明るさを0.8にする

コード
```
Range("B1:B2").Borders.ThemeColor = xlThemeColorAccent2
```
意味 セルB1 〜 B2の罫線の色を[アクセント2]にする

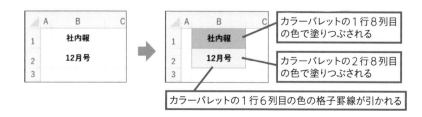

カラーパレットの1行8列目
の色で塗りつぶされる

カラーパレットの2行8列目
の色で塗りつぶされる

カラーパレットの1行6列目の色の格子罫線が引かれる

第9章 よく使うプロパティとメソッドを身に付けよう

●テーマの色以外の色を設定する

カラーパレットの［テーマの色］以外の色は、Color プロパティと RGB
値や定数を使用して設定します。RGB 値は、赤緑青の 3 色の成分をそれ
ぞれ「0 ～ 255」の数値で指定して色を表現します。RGB 値では約 1677
万色を表現できますが、その中の一部の色には「vb（色名）」（全 8 色）や
「rgb（色名）」（約 130 色）という名前の定数が割り当てられており、色
名で色をわかりやすく設定できます。

書式 定数や RGB 値で色を設定する

オブジェクト.Color ＝ 設定値

● ［標準の色］の設定値

色		赤R	緑G	青B
■	濃い赤	192	0	0
■	赤	255	0	0
■	オレンジ	255	192	0
■	黄	255	255	0
■	薄い緑	146	208	80
■	緑	0	176	80
■	薄い青	0	176	240
■	青	0	112	192
■	濃い青	0	32	96
■	紫	112	48	160

標準の色

RGB 値を調べるには、まず空い
ているセルに調べたい色を手動
で設定する。そのセルを選択し
て 335 ページを参考に［色の設
定］ダイアログボックスの［ユー
ザー設定］タブを開くと、赤、緑、
青の数値を確認できるよ。

●色の定数の例

色		定数	定数	赤R	緑G	青B
■	黒	rgbBlack	vbBlack	0	0	0
■	赤	rgbRed	vbRed	255	0	0
■	黄緑	rgbLime	vbGreen	0	255	0
■	黄	rgbYellow	vbYellow	255	255	0
■	青	rgbBlue	vbBlue	0	0	255
■	明るい紫	rgbFuchsia	vbMagenta	255	0	255

	水色	rgbAqua	vbCyan	0	255	255
	白	rgbWhite	vbWhite	255	255	255
	灰色	rgbGray	-----	128	128	128
	ライトブルー	rgbLightBlue	-----	173	216	230
	スカイブルー	rgbSkyBlue	-----	135	206	235
	ネイビー	rgbNavy	-----	0	0	128

●セルに［テーマの色］以外の色を設定する　　練習用ファイル ▶ 27-06-02.xlsm

> **コード** Range("B2").Interior.Color = RGB(0, 32, 96)
>
> **意味** セルB2の塗りつぶしの色を濃い青にする
>
> **コード** Range("B2").Font.Color = rgbWhite
>
> **意味** セルB2の文字の色を白にする

塗りつぶしの色が濃い青に設定された

文字の色が白に設定された

●塗りつぶしの色を解除する

Interiorオブジェクトの ColorIndex プロパティに組み込み定数「xlNone」を設定すると、塗りつぶしの色を解除して［塗りつぶしなし］の状態に戻せます。なお、文字を標準の色に戻すには、ThemeColor プロパティに［テキスト1］を設定します。また、罫線の解除方法は334ページを参照してください。

> **書式** 塗りつぶしの色を解除する
>
> # Interior オブジェクト.ColorIndex = xlNone

第9章　よく使うプロパティとメソッドを身に付けよう

339

表示形式を設定する

表示形式を設定するには、Rangeオブジェクトの**NumberFormatLocalプロパティ**を使用します。書式記号を組み合わせた文字列を「"」（ダブルクォーテーション）で囲んで設定します。なお、表示形式を[標準]に戻すには、「"G/標準"」を設定します。

書式 表示形式を設定する（→280ページ）

Rangeオブジェクト.NumberFormatLocal ＝ 設定値

●セルに入力されている数値や日付の表示形式を設定する

練習用ファイル ▶ 27-07-01.xlsm

コード `Range("A1").NumberFormatLocal = "0000"`

意味 セルA1に「0000」（4桁表示）の表示形式を設定する

コード `Range("A2").NumberFormatLocal = "#,##0"`

意味 セルA2に「#,##0」（桁区切り）の表示形式を設定する

コード `Range("A3").NumberFormatLocal = "0.0%"`

意味 セルA3に「0.0%」の表示形式を設定する

コード `Range("A4").NumberFormatLocal = "m月d日"`

意味 セルA4に「m月d日」の表示形式を設定する

コード `Range("A5").NumberFormatLocal = "G/標準"`

意味 セルA5を標準の表示形式に戻す

LESSON 28

セルの編集

セルの編集に関する
プロパティとメソッド

SECTION 1 セルを選択する

Rangeオブジェクトの**Selectメソッド**を使用すると、単一のセルまたはセル範囲を選択できます。このメソッドは、選択対象のワークシートがアクティブシートでないと使用できないので注意してください。

書式 セルを選択する

Rangeオブジェクト.Select

●セルを選択する　　　　　　　　　練習用ファイル ▶ 28-01-01.xlsm

コード `Worksheets(2).Select`

意味 2番目のワークシートを選択する

コード `Range("B2").Select`

意味 セルB2を選択する

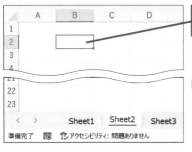

2番目のワークシートのセルB2が選択された

2番目のワークシート以外がアクティブブシートの状態で「Worksheets(2).Range("B2").Select」を実行するとエラーになるので注意してね。

第9章 よく使うプロパティとメソッドを身に付けよう

341

2 セルを移動/コピーする

Rangeオブジェクトの**Cutメソッド**/**Copyメソッド**を使用すると、セルを移動/コピーできます。引数Destinationに移動/コピー先の先頭セルを指定します。省略した場合は、移動/コピーしたセルが、一時的な記憶場所であるクリップボードに格納されます。

書式 セルを移動する

Rangeオブジェクト.Cut([Destination])

書式 セルをコピーする(→316ページ)

Rangeオブジェクト.Copy([Destination])

● セルを移動/コピーする　　　　　　　　　**練習用ファイル ▶ 28-02-01.xlsm**

コード `Range("A1").Cut Range("B1")`

意味 セルA1をセルB1へ移動する

コード `Range("B2:C3").Copy Range("B5")`

意味 セルB2〜C3をセルB5へコピーする

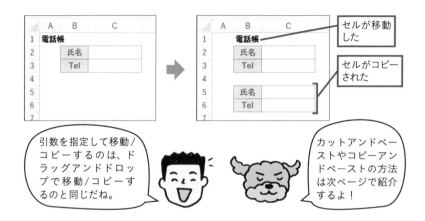

引数を指定して移動/コピーするのは、ドラッグアンドドロップで移動/コピーするのと同じだね。

カットアンドペーストやコピーアンドペーストの方法は次ページで紹介するよ!

SECTION

3 クリップボードのデータを貼り付ける

CutメソッドやCopyメソッドを使用してクリップボードに保管したセルは、Worksheetオブジェクトの**Pasteメソッド**を使用して貼り付けることができます。引数Destinationには、貼り付け先の先頭セルを指定します。省略した場合は、現在の選択範囲に貼り付けられます。なお、コピーの場合、コピー元のセルが点滅してコピーモードになり、繰り返し貼り付けを行えます。

> **書式** クリップボードから貼り付ける
>
> # Worksheetオブジェクト.Paste([Destination])
> ※引数Destination以降の引数を省略しています。

● セルをクリップボード経由でコピーする　　**練習用ファイル ▶ 28-03-01.xlsm**

コード `Range("B2:C3").Copy`

意味 セルB2〜C3をコピーする

コード `ActiveSheet.Paste Range("B5")`

意味 アクティブシートのセルB5に貼り付ける

コード `ActiveSheet.Paste Range("B8")`

意味 アクティブシートのセルB8に貼り付ける

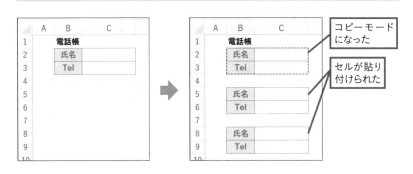

第9章 よく使うプロパティとメソッドを身に付けよう

形式を選択して貼り付ける

Rangeオブジェクトの**PasteSpecialメソッド**を使用すると、クリップボードに保管したセルを、引数Pasteで指定した内容に応じて貼り付けます。引数Pasteを省略した場合は、すべてを貼り付けます。

書式 形式を選択して貼り付ける

Rangeオブジェクト.PasteSpecial([Paste])
※引数Paste以降の引数を省略しています。

●引数Pasteの主な設定値

設定値	説明
xlPasteAll	すべて
xlPasteFormulas	数式
xlPasteValues	値
xlPasteFormats	書式
xlPasteAllExceptBorders	罫線を除くすべて
xlPasteColumnWidths	列幅

Application.
CutCopyMode
= False」と記述すると、コピーモードを解除できるよ。

●表をコピーして書式だけを貼り付ける

練習用ファイル ▶ 28-04-01.xlsm

コード Range("A1:B3").Copy

意味 セルA1 〜 B3をコピーする

コード Range("D1").PasteSpecial xlPasteFormats

意味 セルD1に書式を貼り付ける

	A	B	C	D	E
1	月	売上数		支店	売上数
2	4月	11,228		上野	6113
3	5月	9,027		赤羽	4120
4					

➡

	A	B	C	D	E
1	月	売上数		支店	売上数
2	4月	11,228		上野	6,113
3	5月	9,027		赤羽	4,120

書式が貼り付けられた

SECTION

5 列幅や行高を設定する

Rangeオブジェクトの**ColumnWidthプロパティ**で列幅、**RowHeightプロパティ**で行高を設定します。列幅の設定値の単位は、標準フォントでの半角数字の「0」の文字数で、標準の幅は8.38です。行高の設定値の単位はポイント、標準の高さは18.75です。

> **書式** 列の幅を設定する
>
> ## Rangeオブジェクト.ColumnWidth = 列幅

> **書式** 行の高さを設定する
>
> ## Rangeオブジェクト.RowHeight = 行高

●列幅と行高を設定する　　**練習用ファイル ▶ 28-05-01.xlsm**

> **コード** `Range("A1").ColumnWidth = 16`
>
> **意味** セルA1の列幅を16に設定する
>
> **コード** `Range("B:C").ColumnWidth = 5`
>
> **意味** B～C列の列幅をそれぞれ5に設定する
>
> **コード** `Range("A1").RowHeight = 30`
>
> **意味** セルA1の行高を30に設定する

	A	B	C
1	商品名	単価	在庫
2	オレンジシ	150	354
3	アップルシ	150	269
4			

➡

	A	B	C
1	商品名	単価	在庫
2	オレンジジュース	150	354
3	アップルジュース	150	269
4			

> 列幅が設定された

> 行高が設定された

列Bと列Cの列幅は、足して「5」ではなく、それぞれが「5」になるよ！

第9章 よく使うプロパティとメソッドを身に付けよう

SECTION

6 列幅や行高を自動調整する

Rangeオブジェクトの**AutoFitメソッド**を使用すると、指定したセル
に合わせて列幅や行高を自動調整できます。例えば、列A～Cの全体の
データを基準に列幅を自動調整する場合は「Columns("A:C").
AutoFit」と記述します。また、セルA2～C5のセル範囲を基準に列を
自動調整する場合は以下のコードのように記述します。

書式 列幅や行高を自動調整する

Range オブジェクト.AutoFit

●表のデータに合わせて列幅を設定する　　　練習用ファイル ▶ 28-06-01.xlsm

コード Range("A2:C5").Columns.AutoFit

意味 セルA2～C5のデータに合わせて列幅を自動調整する

表のデータ
に合わせて
列幅が調整
された

上図の表の場合、「Columns("A:C").AutoFit」
と記述すると、セルA1の長い文字列に合わせて
列幅が広がっちゃうよ。

SECTION
7 セルや行、列を挿入する

Rangeオブジェクトの**Insert**メソッドを使用すると、Rangeオブジェクトにセルを指定した場合はセルが、行を指定した場合は行が、列を指定した場合は列が挿入されます。引数Shiftはセルを挿入する場合に指定するもので、挿入位置にあるセルをずらす方向を指定します。引数CopyOriginは挿入したセル、行、列の書式を指定します。

書式 セル、行、列を挿入する

Rangeオブジェクト.Insert([Shift], [CopyOrigin])

●引数Shiftの設定値

設定値	説明
xlShiftDown	下にずらす
xlShiftToRight	右にずらす

●引数CopyOriginの設定値

設定値	説明
xlFormatFromLeftOrAbove	上または左のセルから書式をコピーする
xlFormatFromRightOrBelow	下または右のセルから書式をコピーする

● ワークシートに行と列を挿入する　**練習用ファイル ▶ 28-07-01.xlsm**

コード `Columns("C").Insert`

意味 列Cに列を挿入する

コード
`Rows(2).Insert CopyOrigin:= xlFormatFromRightOrBelow`

意味 2行目に行を挿入し、下のセルの書式をコピーする

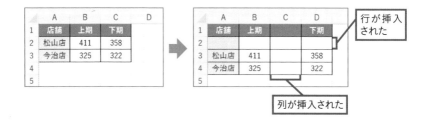

第9章
よく使うプロパティとメソッドを身に付けよう

セルや行、列を削除する

Rangeオブジェクトの**Deleteメソッド**を使用すると、Rangeオブジェクトにセルを指定した場合はセルが、行を指定した場合は行が、列を指定した場合は列が削除されます。引数Shiftはセルを削除する場合に指定するもので、削除位置のセルを埋める方向を指定します。

書式 セル、行、列を削除する

Rangeオブジェクト.Delete([Shift])

●引数Shiftの設定値

設定値	説明
xlShiftUp	上にずらす
xlShiftToLeft	左にずらす

●列を削除する　　　　　　　　　　　　　　　練習用ファイル ▶ 28-08-01.xlsm

コード `Columns(3).Delete`

意味 3列目(列C)を削除する

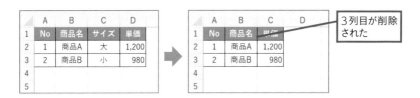

3列目が削除された

「Rows(3).Delete」と記述すると、ワークシートの3行目が削除されるよ!

LESSON
29
ワークシート操作
ワークシート操作に関する
プロパティとメソッド

SECTION
1 ワークシートを選択する

Worksheetオブジェクトの**Selectメソッド**を使用すると、ワークシートを選択できます。引数を省略すると、現在の選択を解除して指定したワークシートだけを選択します。引数にFalseを指定すると、現在の選択を解除せずにワークシートを選択します。最初に選択したワークシートがアクティブシートになります。

> **書式** ワークシートを選択する
>
> **Worksheetオブジェクト**.Select([Replace])

● [Sheet2]と[Sheet4]を選択する　　　**練習用ファイル ▶ 29-01-01.xlsm**

> **コード** `Worksheets("Sheet2").Select`
>
> **意味** [Sheet2]シートを選択する
>
> **コード** `Worksheets("Sheet4").Select False`
>
> **意味** [Sheet4]シートを選択に加える

[Sheet2]と[Sheet4]が選択された

ActiveSheetは[Sheet2]となる

ワークシートの名前を設定する

ワークシートの名前を設定するにはWorksheetオブジェクトの**Name**プロパティを使用します。ワークシートの名前とは、シート見出しに表示される文字列のことです。

> **書式** ワークシートの名前を設定する
>
> ## Worksheetオブジェクト.Name = シート名

●シート名を設定する

練習用ファイル ▶ 29-02-01.xlsm

> **コード** `Worksheets(1).Name = "集計"`
>
> **意味** 1番目のワークシートの名前を「集計」にする

シート名が「集計」になった

ブック内のほかのワークシートと同じ名前を付けるとエラーになるから注意してね。

STEP UP!

ワークシートの数を調べるには

ワークシートの数は、WorksheetsコレクションのCountプロパティを使用して、「Worksheets.Count」という記述で求められます。

3 ワークシートを移動/コピーする

ワークシートを移動するには**Move メソッド**、コピーするには**Copy メソッド**を使用します。引数 Before または引数 After で指定した位置に、ワークシートが移動/コピーされます。両方の引数を省略した場合は、新規ブックが作成され、ワークシートが移動/コピーされます。移動/コピー先のワークシートがアクティブシートになります。

書式 ワークシートを移動する

Worksheetオブジェクト.Move([Before], [After])

書式 ワークシートをコピーする

Worksheetオブジェクト.Copy([Before], [After])

● ワークシートをコピーしてシート名を設定する

練習用ファイル ▶ 29-03-01.xlsm

コード
```
Worksheets("ひな型").Copy After:=Worksheets("2月")
```
意味 「ひな型」シートを「2月」シートの後ろの位置にコピーする

コード
```
ActiveSheet.Name = "3月"
```
意味 アクティブシート(コピー先のシート)の名前を「3月」にする

ワークシートがコピーされた

コピー先のワークシートの名前が変わった

第9章 よく使うプロパティとメソッドを身に付けよう

351

ワークシートを追加する

Worksheetsコレクションの**Addメソッド**を使用すると、新しいワークシートを追加できます。追加先は、引数Beforeまたは引数Afterで指定します。ともに省略すると、アクティブシートの前に追加されます。ワークシートを追加すると、追加したワークシートがアクティブシートになります。

書式 ワークシートを追加する（→206ページ）

Worksheetsコレクション.Add([Before], [After])
※引数After以降の引数を省略しています。

●ワークシートを追加してシート名を設定する　練習用ファイル ▶ 29-04-01.xlsm

コード
```
Worksheets.Add Before:=Worksheets(1)
```

意味 1番目のワークシートの前にワークシートを追加する

コード
```
ActiveSheet.Name = "集計"
```

意味 アクティブシート（追加したワークシート）の名前を「集計」にする

ワークシートを追加できた

「Worksheets.Add After:=Worksheets(Worksheets.Count)」と記述すると、末尾のワークシートの後ろに追加できるよ！

SECTION

5 ワークシートを削除する

Worksheetオブジェクトの**Deleteメソッド**を使用すると、ワークシートを削除できます。ただし、削除前に表示される削除確認のメッセージボックスでユーザーが［キャンセル］ボタンをクリックすると削除がキャンセルされます。ここでは、ApplicationオブジェクトのDisplayAlertsプロパティ（→355ページ）を使用して、ユーザーに確認せずに強制的に削除する方法を紹介します。

書式 ワークシートを削除する

Worksheetオブジェクト.Delete

●確認メッセージを表示せずに［集計］シートを削除する

練習用ファイル ▶ 29-05-01.xlsm

> **コード** `Application.DisplayAlerts = False`
>
> **意味** 確認メッセージが表示されないようにする
>
> **コード** `Worksheets("集計").Delete`
>
> **意味** ［集計］シートを削除する
>
> **コード** `Application.DisplayAlerts = True`
>
> **意味** 確認メッセージが表示される状態に戻す

ワークシートを削除できた

DisplayAlertsプロパティに「False」を設定すると確認メッセージが表示されなくなるから、ユーザーによって削除がキャンセルされるのを防げるね。

353

6 印刷を実行する

ワークシートを印刷するには、Worksheetオブジェクトの**PrintOut メソッド**を使用します。引数Fromに印刷開始ページを、引数Toに印刷終了ページを、引数Copiesに印刷部数を指定します。これらの引数を省略した場合は、全ページが1部ずつ印刷されます。引数Previewに「True」を指定した場合は印刷プレビューが表示され、「False」を指定するか省略した場合は直ちに印刷が実行されます。マクロを運用するまでは引数の「Preview:=True」を入れておくと、テスト実行のたびに印刷せずに済みます。

書式 印刷を実行する（→105ページ）

Worksheetオブジェクト.**PrintOut**([From], [To], [Copies], [Preview])
※引数Preview以降の引数を省略しています。

●アクティブシートを印刷プレビューする　　**練習用ファイル ▶ 29-06-01.xlsm**

コード
```
ActiveSheet.PrintOut From:=1, To:=2, Preview:=True
```
意味 アクティブシート1ページから2ページを印刷プレビューする

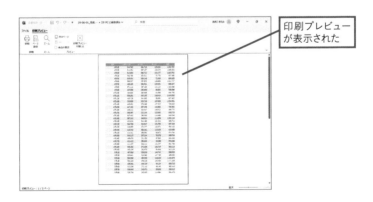

印刷プレビュー
が表示された

STEP UP!

Excelの状態を制御する

Applicationオブジェクトには、Excelの状態を制御するためのプロパティがあります。

●確認メッセージを非表示にする

DisplayAlertsプロパティに「False」を設定すると、ワークシートの削除やブックを閉じるとき、名前を付けて保存のときなどに表示される確認メッセージを非表示にできます。「True」を設定するか、マクロが終了すると、確認メッセージが表示される状態に戻ります。なお、「False」を設定したまま処理を進めると、必要なメッセージまで非表示になるので、ワークシートの削除など目的の処理が済んだら、すみやかに「True」を設定し直しましょう。

書式	確認メッセージの表示/非表示を切り替える

Applicationオブジェクト.DisplayAlerts = True / False

●画面のちらつきをなくす

ScreenUpdatingプロパティに「False」を設定すると、画面の更新が止まります。ワークシートを切り替えたり、ブックを開いたりすると画面が切り替わりますが、更新をオフにしておけば途中経過の画面のちらつきを見せずにスムーズに処理を進められ、処理も速くなります。プロパティに「True」を設定し直すと、画面が一気に更新され、処理の実行結果の画面が表示されます。

書式	画面の更新のオン/オフを切り替える

Application.ScreenUpdating = True / False

第9章 よく使うプロパティとメソッドを身に付けよう

LESSON **30**　ブック操作

ブック操作に関する プロパティとメソッド

SECTION

1 ブックをアクティブにする

Workbookオブジェクトの**Activateメソッド**を使用すると、指定したブックをアクティブにできます。ブックがアクティブになると、デスクトップの最前面に表示されます。

> **書式**　ブックをアクティブにする
>
> # Workbook オブジェクト.Activate

● ブックをアクティブにする　　　　　　　　**練習用ファイル ▶ 30-01-01.xlsm**

> **コード**
> ```
> Workbooks("売上4月.xlsx").Activate
> ```
> **意味**　「売上4月.xlsx」をアクティブにする

指定したブックがアクティブになった

練習用ファイルと「売上4月.xlsx」「売上5月.xlsx」を開いた状態で実行してね。

2 ブックの保存場所や名前を調べる

Workbookオブジェクトの**Pathプロパティ**でブックの保存場所を、
Nameプロパティでブック名を取得できます。保存場所は、ドライブ名
とフォルダー名を「¥」（円記号）でつないだ「パス」と呼ばれる文字列で
表されます。両プロパティとも読み取り専用です。

| 書式 | ブックの保存場所を調べる |

Workbookオブジェクト.Path

| 書式 | ブックの名前を調べる |

Workbookオブジェクト.Name

●ブックの保存場所と名前をメッセージに表示する

練習用ファイル ▶ 30-02-01.xlsm

コード
```
MsgBox "パス:" & Workbooks(2).Path & vbCrLf _ 折り返し
    & "名前:" & Workbooks(2).Name
```
意味 2番目に開いたブックの保存場所と名前をメッセージボックスに表示する

ブックのパスと名前が
表示された

ブックが未保存の場合、Pathプロパティ
では空白の文字列「""」が取得され、
Nameプロパティでは「Book1」のよう
な仮の名前が取得されるよ。

3 新規ブックを作成する

Workbooksコレクションの**Addメソッド**を使用すると、新しいブックを作成できます。作成したブックがアクティブブックになります。既存のブックをひな型として新規ブックを作成する場合は、引数Templateにひな型となるブックのパスと名前を「Workbooks.Add "C:¥データ¥売上¥売上表.xlsx"」のように指定します。

書式 ブックを作成する

Workbooksコレクション.Add([Template])

●新規ブックを追加してセルに入力する　　　　練習用ファイル ▶ 30-03-01.xlsm

> **コード** `Workbooks.Add`
>
> **意味** 新規ブックを作成する
>
> **コード** `Range("A1").Value = "集計表"`
>
> **意味** セルA1に「集計表」と入力する

SECTION

4 ブックを保存する

ブックに名前を付けて保存するには、Workbookオブジェクトの**SaveAsメソッド**、上書き保存するには**Saveメソッド**を使用します。なお、名前を付けて保存する際、保存先に同名のファイルが存在すると確認メッセージが表示されます。[はい]ボタンがクリックされると上書き保存されますが、[いいえ]ボタンや[キャンセル]ボタンがクリックされるとエラーが発生するので注意してください。

書式 ブックに名前を付けて保存する

Workbookオブジェクト.SaveAs(FileName, [FileFormat])

※引数FileFormat以降の引数を省略しています。

書式 ブックを上書き保存する

Workbookオブジェクト.Save

●引数FileFormatの主な設定値

設定値	説明
xlOpenXMLWorkbook	Excelブック（.xlsx）
xlOpenXMLWorkbookMacroEnabled	Excelマクロ有効ブック（.xlsm）

●新規ブックに名前を付けて保存する　　**練習用ファイル ▶ 30-04-01.xlsm**

コード

```
Workbooks.Add
```

意味 新規ブックを作成する

コード

```
ActiveWorkbook.SaveAs "C:¥501841¥09syo¥L30¥売上7月.xlsx"
```

意味 アクティブブックを「C:¥501841¥09syo¥L30」フォルダーに
「売上7月.xlsx」の名前で保存する

コード

```
Range("A1").Value = "7月度　売上実績"
```

意味 セルA1に「7月度　売上実績」と入力する

コード

```
ActiveWorkbook.Save
```

意味 アクティブブックを上書き保存する

ブックを開く

ブックを開くには、Workbooksコレクションの**Openメソッド**を使用します。引数FileNameには、開くブックのパス付のファイル名を指定します。パスを省略すると、カレントフォルダー（現在の作業対象のフォルダー）に保存されているものと見なされます。開いたブックがアクティブブックになります。

書式 ブックを開く

Workbooksコレクション.Open(FileName)
※引数FileName以降の引数を省略しています。

●指定したブックを開く　　　　　　　　　　　練習用ファイル ▶ 30-05-01.xlsm

コード
```
Workbooks.Open "C:¥501841¥09syo¥L30¥Before¥売上4月.xlsx"
```
意味「C:¥501841¥09syo¥L30」フォルダーにある「売上4月.xlsx」ブックを開く

STEP UP!

マクロブックの保存場所から開く

OneDriveと同期していないフォルダーにマクロブック（ThisWorkbook）が保存されている場合、保存先のフォルダーは「ThisWorkbook.Path」で取得できます。例えばマクロブックと同じフォルダーにあるブックを開くには、以下のように記述します。このコードは、保存先がOneDriveと同期している場合はうまくいきません。

```
Workbooks.Open ThisWorkbook.Path & "¥売上4月.xlsx"
```

SECTION
6 ブックを閉じる

Workbookオブジェクトの**Close**メソッドを使用すると、引数で指定した条件でブックを閉じます。

書式	ブックを閉じる（→304ページ）

Workbookオブジェクト.Close([SaveChanges], [FileName])

●引数SaveChangesの設定値

値	説明
True	引数FileNameで指定した名前でブックを保存して閉じる。引数FileNameを省略した場合、既存のブックは上書き保存され、新規ブックには［名前を付けて保存］ダイアログボックスが表示される
False	変更を保存せずに閉じる
省略	ブックに変更があった場合に、保存確認のメッセージが表示される

●変更を保存せずにブックを閉じる 練習用ファイル ▶ 30-06-01.xlsm

コード

```
ActiveWorkbook.Close False
```

意味	変更を保存せずにアクティブブックを閉じる

STEP UP!

Excelを終了する

ApplicationオブジェクトのQuitメソッドを使用して「Application.Quit」のように記述すると、Excelを終了できます。

第9章 よく使うプロパティとメソッドを身に付けよう

EPILOGUE

 ボクのレッスンは、これで終了。VBAにはまだまだ勉強すべき内容がたくさんある。でも今の裕太くんだったら、Copilotを上手に活用しながら自力でステップアップしていけるはず！

 次はデータの集計も自動化していくつもりだよ。

 これからは、会社で疲れ果ててボクのごはんを忘れるなんていうヘマしないでね。ワンワン（これで安心して普通のワンコに戻れるよ）。

 プ、プー助？

 ワンワン（これからもずっとそばで見守っているよ）。

 …………。プー助、ありがとう。もう心配かけないからね。

プー助・裕太くんとともに進めてきた私たちのLESSONも、これですべて終了です。プー助が安心してワンコ生活を送れるように、裕太くんはVBAで業務改善していくことでしょう。みなさんが抱える業務も、VBAによって楽しく効率化されていくことを願っています。

INDEX

■著者

きたみあきこ

東京都生まれ。神奈川県在住。テクニカルライター。コンピューター関連の雑誌や
書籍の執筆を中心に活動中。近著に『できるExcelグラフ Office 2021/2019/2016
&Microsoft 365対応』『できるAccess 2021 Office 2021&Microsoft 365両対応』
(以上、インプレス)『極める。Excel関数 データを自由自在に操る[最強]事典』(翔
泳社)などがある。

●Office Kitami ホームページ
https://office-kitami.com/

本書のご感想をぜひお寄せください
https://book.impress.co.jp/books/1123101117

読者登録サービス
CLUB impress

アンケート回答者の中から、抽選で図書カード(**1,000円分**)
などを毎月プレゼント。
当選者の発表は賞品の発送をもって代えさせていただきます。
※プレゼントの賞品は変更になる場合があります。

STAFF

カバー・本文デザイン	吉村朋子
カバー・本文イラスト	坂木浩子
DTP制作	町田有美
校正	株式会社トップスタジオ
編集協力	高木大地
デザイン制作室	今津幸弘<imazu@impress.co.jp>
	鈴木　薫<suzu-kao@impress.co.jp>
制作担当デスク	柏倉真理子<kasiwa-m@impress.co.jp>
編集	浦上諒子<urakami@impress.co.jp>
編集長	藤原泰之<fujiwara@impress.co.jp>

■商品に関する問い合わせ先

このたびは弊社商品をご購入いただきありがとうございます。本書の内容などに関するお問い合わせは、下記のURLまたは二次元バーコードにある問い合わせフォームからお送りください。

https://book.impress.co.jp/info/

上記フォームがご利用いただけない場合のメールでの問い合わせ先
info@impress.co.jp

※お問い合わせの際は、書名、ISBN、お名前、お電話番号、メールアドレス に加えて、「該当する
ページ」と「具体的なご質問内容」「お使いの動作環境」を必ずご明記ください。なお、本書の範囲
を超えるご質問にはお答えできないのでご了承ください。

● 電話やFAXでのご質問には対応しておりません。また、封書でのお問い合わせは回答までに日数をいた
　だく場合があります。あらかじめご了承ください。
● インプレスブックスの本書情報ページ https://book.impress.co.jp/books/1123101117　では、本書
　のサポート情報や正誤表・訂正情報などを提供しています。あわせてご確認ください。
● 本書の奥付に記載されている初版発行日から3年が経過した場合、もしくは本書で紹介している製品や
　サービスについて提供会社によるサポートが終了した場合はご質問にお答えできない場合があります。

■落丁・乱丁本などの問い合わせ先
　FAX　03-6837-5023
　service@impress.co.jp
　※古書店で購入された商品はお取り替えできません。

ぞうきょうかいていばん
増強改訂版
できる イラストで学ぶ 入社1年目からのExcel VBA
まな　　　　にゅうしゃ　ねんめ　　　　　　　　エクセル　　ブイビーエー

2024年2月11日　初版発行
2024年7月11日　第1版第2刷発行

著　　者　　きたみあきこ & できるシリーズ編集部
　　　　　　　　　　　　　　　　　　　　　　　　へんしゅうぶ
発行人　　高橋隆志
発行所　　株式会社インプレス
　　　　　　〒101-0051　東京都千代田区神田神保町一丁目105番地
　　　　　　ホームページ　https://book.impress.co.jp/

印刷所　　株式会社広済堂ネクスト
ISBN978-4-295-01841-4 C3055
Printed in Japan